国家科学技术学术著作出版基金资助出版

圆竹家具学

费本华　陈　红　刘焕荣　主编

科 学 出 版 社

北 京

内 容 简 介

　　本书对圆竹家具进行了系统的描述，内容包括圆竹家具的发展沿革、材料加工、设计、结构连接、生产工艺、表面装饰、装配包装，以及制作原理、方法、技术等。全书内容丰富，图表翔实准确，集中反映了目前中国圆竹家具研究领域的科研成果与学术水平。

　　本书可供相关科研单位、高等院校科研人员与学生使用，也可为对圆竹家具、圆竹利用等感兴趣的人士提供基本资料和参考。

图书在版编目（CIP）数据

圆竹家具学 / 费本华，陈红，刘焕荣主编. —北京：科学出版社，2021.3
ISBN 978-7-03-067497-5

Ⅰ．①圆… Ⅱ．①费… ②陈… ③刘… Ⅲ．①竹家具-生产工艺
Ⅳ．①TS664.2

中国版本图书馆 CIP 数据核字（2020）第 267632 号

责任编辑：张会格　闫小敏 / 责任校对：严　娜
责任印制：肖　兴 / 封面设计：无极书装

科　学　出　版　社　出版
北京东黄城根北街 16 号
邮政编码：100717
http://www.sciencep.com
北京汇瑞嘉合文化发展有限公司 印刷
科学出版社发行　各地新华书店经销
*

2021 年 3 月第 一 版　开本：720×1000　1/16
2021 年 3 月第一次印刷　印张：10
字数：199 000
定价：168.00 元
（如有印装质量问题，我社负责调换）

《圆竹家具学》编委会

前　言

　　竹类植物是地球上生长最快的植物之一，一次种植，永续利用，是集优良生态学特性、材料学特性和文化符号于一体的环境友好型植物。全球竹类植物有88属1642种，竹林面积3200多万公顷，资源极为丰富（Vorontsova et al.，2016）。充分利用竹类资源，是保护热带雨林、满足人类林产品需求的有效途径，已经成为建设美丽中国的重要战略任务。竹材在建材、造纸、轻工、食品、家居等行业得到广泛应用，形成了重组竹、竹集成材、竹编工艺品、竹纤维制品、竹碳制品等100多个系列上万个品种，新产品、新技术不断涌现，已经成为满足人们日常生活需要和以竹代塑的新兴产业，在国民经济建设中处于不可替代的地位。

　　竹秆外形为圆柱形、中空、有节，竹壁有一定厚度。自古以来，人们祖祖辈辈都在用圆竹制作家具，满足生计所需，积累了丰富的制作经验，传承了深厚的文化内涵。圆竹家具早在我国唐宋时期就已出现，常见的有脚凳、禅椅等，明清时期竹家具也非常流行。竹子独特的外观，使其成为传承中国文化的重要载体。圆竹家具拥有独特的造型，具有很强的艺术感染力和文化表现力，是其他家具不可替代的。现代圆竹家具的加工工艺，主要包括选料、备料、制作骨架、面层制作、部件装配和修整成型等，根据圆竹家具的种类、造型和功能不同，其加工工艺略有不同。目前，专门生产圆竹家具的企业数量相对较少，以个体家庭作坊式生产为主。还有一些竹材综合加工企业，但其生产规模不大，基本以手工为主，生产条件较为简陋，产品质量不能保持一致。一些生产作坊甚至没有进行原材料的处理和干燥，产品会出现虫蛀、霉变、开裂等缺陷，严重影响圆竹家具的使用寿命、功能和美观。因此，编写本书，系统总结圆竹家具的经验和不足，推进技术创新，非常必要；在新技术革命到来之时，推动圆竹家具由手工制作走工业化、标准化、智能化，运用现代技术改造传统产业，已经时不我待。

　　全书由费本华、陈红、刘焕荣主编。费本华编写前言，费本华、吕黄飞编写第一章、第三章，于子绚编写第二章，宋莎莎编写第四章，刘焕荣编写第五章、第七章，张伟编写第六章，陈红、张双燕编写第八章。所广铭为本书提供部分照片。

由于作者水平有限，书中不妥之处在所难免，恳请读者批评指正。

费本华

国际竹藤中心　研究员

2019年7月

目　　录

第一章 绪 论

1.1 圆竹家具的基本概念

1.1.1 圆竹家具的概念及内涵

器具是指具有完整的物理结构的物体。家具即家用的器具，家具是能够满足人类日常生活的各种需要、以不同的形式存在、具有完整物理结构的物体。广义的家具是指人类维持正常生活、从事生产实践和开展社会活动必不可少的一类器具。狭义的家具是指日常生活、室内工作中供人们坐、卧或支撑与存储物品的一类器具。各种不同类型家具的存在都是在包容我们人类的不同欲望，而这些欲望通过我们身体不同部位的不同行为表达出来，于是就有了空间性质的不同（顾宇清，2005）。家具不仅要满足人们的物质需求，也要满足人们的精神需求（蒋绿荷，2002）。文化是一个发展的概念，人们把文化视为一种生活方式，人类的文化是从物质开始的，工具的制造与选择都伴随着人们的行为和经验，也烙印着时代文化。因此，家具也具有诸多文化属性。

竹子的外形为圆柱形，中空、有节，竹壁厚度一般1cm左右，有的竹种竹秆是实心，竹壁很厚。自古以来，人们祖祖辈辈都在用圆竹制作家具，满足生计所需，积累了丰富的制作经验，传承了深厚的文化内涵。圆竹家具长期由手工制作，随着新技术革命的到来，走工业化、标准化、智能化道路的时机已经成熟，运用现代技术改造传统圆竹家具产业迎来了机遇。

圆竹家具通常是指以形圆、中空、有节的竹材秆茎作为主要零部件，以竹片、竹条（或竹篾）等为辅助，并利用竹秆弯折制成的一类家具（吴智慧，2017）。圆竹家具常用的竹种有毛竹、白竹、刚竹、水竹、红竹、筇竹等，经过逐级加工制作而成。圆竹家具主要的工艺流程为选材、调直、改性处理、干燥、下料、弯曲、车竹、划线、讨墨、骗竹、开榫、制板、装配、涂饰等。传统圆竹家具多采用打穴凿孔、榫合固定结构，然后进行捆扎，结构简单，自然环保（冯怡，2008）。

圆竹材用作家具材料，可保持其原有形状和天然美，不添加、不改变，一切源于自然，秀丽灵动，仪态万方，圆竹家具是圆竹与家具的完美融合。圆竹家具的主要特征是能够保持圆竹的原态，充分利用圆竹本身的外观形态、物理属性、生物力学结构，以及展示其浓厚的文化底蕴和明显的民族特色。圆竹家具在我国有着悠久的历史和精湛的制造技术，传统圆竹家具制作工艺精湛，使用地区广泛，被大多数人所接受。圆竹家具的种类丰富，传统圆竹家具以桌、椅、凳类为主（图1-1a、b），还包括床、花架、屏风和茶几（图1-1c、d）等产品。随着圆竹家具产品的不断创新，出现了一些功能创新、使用方便且美观的产品，如带有加热功能的圆竹茶具、炊具等。

（a）包接竹椅

（b）编织面层

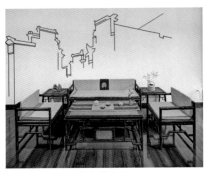
（c）茶几

（d）屏风

图 1-1　传统圆竹家具

1.1.2　圆竹家具的历史沿革

圆竹家具有着悠久的发展历史。自古以来，我国文人墨客都对竹子倍加推崇，将竹子比喻成高风亮节的君子，以竹喻人，寄情于竹，从而体现正直的处世之道，进一步形成了我国特有的竹文化。由于竹材的特性，圆竹家具难以长久保存，清代以前的竹家具实物已经很难见到，根据史料记载，圆竹家具早在我国唐宋时期就已出现，从一些佛教画像中可以看到当时就已经采用竹子制作出了脚凳、禅椅等圆竹家具。对有关史料考证及分析圆竹家具对硬木家具的影响可知，明清时期竹家具是非常流行的，清代圆竹家具吸收了明式家具的造型特点，出现很多的竹质家具，如竹椅、竹脚凳、竹床、竹案、竹帘等，这些圆竹家具大都采用编排或者编织的方法，制作家具中的靠背和侧板，以及坐卧类的家具面层（李吉庆，2011；张琛，2006；陈哲，2005）。

竹子独特的外观，使其成为传承中国文化的重要载体。圆竹家具拥有独特的造型，也具有较强的艺术感染力和文化表现力，具有不可替代性。圆竹材在家具设计和制造中的应用，结合竹片或竹篾等的形状，使得传统圆竹家具与木质家具相比，在造型上具有独特的结构。传统圆竹家具受材料构造的影响，制造工艺不同于一般的木家具，亦不同于竹集成材家具和重组竹家具，如常见连接类型有包接（图1-1a）、缠接、并接、竹销钉连接等。传统圆竹家具制作时，结合圆竹材特有的端面形式，以圆竹段为框架，再将若干竹条平行搭置于框架中，可形成规整的几何平面，或将圆竹材制作成竹篾等，以编织的方式形成"十"字、"人"字、螺旋等各种纹样。此外，由于圆竹材具有资源丰富、价格便宜等特点，在日常生活中出现了除圆竹家具以外的圆竹生活用品，体现了人们的生活智慧和精湛的圆竹制作技艺，并在长期使用中不断地进步和完善。因此，传统的圆竹家具与制作工艺对现代家具设计及现代圆竹家具制造具有一定的借鉴性。近些年，逐渐出现了一些优秀的圆竹家具设计，如2010年获红点奖的圆竹家具设计（图1-2），利用竹子横切面和纵切面的结构特点并结合树脂，体现了圆竹家具的独特性。

图 1-2 获红点奖的圆竹家具设计

1.2 圆竹家具的特点

1.2.1 传统竹家具的特点

竹子是一种多年生的禾本科木质常绿植物，生长快，质地坚韧，表面光滑，触感舒适。自古以来，民间常喜用各种竹子制作各类家具，并大多仿照木家具的造型，产品富有鲜明的民族形式和传统风格（图1-3），其中以湖南益阳、湖北武穴、江苏高邮、安徽屯溪等地的圆竹家具最为著名。湖南益阳竹家具，相传已有600多年制作历史，技艺精良，为避暑乘凉佳品。主要采用优质毛竹、麻竹为原料，运用竹材光洁、凉爽的特性和竹青、竹黄等的不同特色，经郁制、拼嵌、装修和火制等工序制成。湖北武穴竹器家具已有近百年制作历史，是由"竹艺之圣"章水泉发展起来的，他制作的花竹椅曾在1915年"太平洋万国巴拿马博览会"上获奖（图1-3a）。

（a）花竹椅　　　　　　（b）斑竹盆架　　　　　（c）斑竹官帽椅

图 1-3　民间竹家具

　　圆竹家具种类繁多，按人类工效学原理可分为：支撑类，又称人体类家具，是以椅、凳、沙发和床榻为主的供人们坐、卧、躺的一类家具，支撑类圆竹家具的产量与品种均居首位；依凭类，以桌台类家具为主，也具有贮藏物品的功能；贮存类，以箱柜为主，主要用于贮存和收纳物品；装饰类，主要指一些装饰品和陈列品。

　　中国传统圆竹家具无论是花样缤纷的椅凳（图1-4）、古朴典雅的床榻（图1-5b），还是用途繁多的案几（图1-5a、c）、储衣纳物的箱柜，均体现着中国人的文化精神与内涵。儒家学说提倡礼仪待人，崇尚举止端雅，而这种文化和审美在中国传统家具，特别是椅凳类家具的格局和构造上体现得较为明显。传统家具对天人合一的追求，主要体现在对自然事物的运用上。例如，床榻在用材上讲究天然优质，突出自然纹理；在装饰工艺上均取自大自然的万物，如花鸟虫鱼、飞禽走兽、山水树木，强调美从自然来，主张从自然中获取灵感，以"自然"为审美的最高境界。

图 1-4　雕花竹椅

（a）郁竹工艺家具

（b）红竹家具

（c）筇竹家具

图 1-5 不同材料的圆竹家具

目前，我国传统圆竹家具在设计方面绝大多数仍是简单的沿袭，在工艺、外观、结构等方面突破较少，不能满足现代家具市场及人们日益提高的生活质量、审美水平需要，因此，传统工艺应与新的加工方式和圆竹家具设计相融合。这要求在研究和思考传统工艺在现代圆竹家具设计中应用时，考虑现代消费者的居室结构，融入现代家具的优点，同时突出传统工艺的特点（陆广谱和华丽霞，2012）。

传统圆竹家具之所以流行久远，与中国独有的竹文化密切相关。中国竹文化历史悠久、源远流长，竹子自古与人们的生活息息相关，出现了很多关于竹子的诗词歌赋。竹子独特的外观和人性化的品格，使其成为传承中国文化的重要载体。以圆竹为主要原料制作的圆竹家具，具有独特的造型特征和纹理效果，同时具有较强的艺术感染力和文化表现力，具有不可替代的特点。

1.2.2 圆竹家具的区域特点

我国圆竹家具产地较多，历经数代艺人的传承和发扬，不同地区的家具逐渐形成了其独特的风格特点。随着制作工艺不断发展，各地家具在保留原有风格的基础上精益求精（图1-6）。

（a）川式　　　　　　　　　　　　（b）天目山式

图 1-6　不同地区的圆竹家具

湘式家具，以湖南益阳生产的圆竹家具为代表。益阳竹具久负盛名，其圆竹家具在选材和造型上可形成强烈对比，桌、茶几等常以竹黄或竹青板作为装饰面。天目山式家具，以皖浙交界处的天目山地区生产的圆竹家具为代表，其中花竹家具最为著名。天目山地区是著名的竹产区，浙江安吉和安徽广德均被誉为十大竹乡之一，其家具多以淡竹和刚竹为主，制作工艺宛若天成。豫式家具，以河南博爱生产的圆竹家具为代表，历史悠久，工艺精湛，造型古朴端庄。川式家具，以四川生产的圆竹家具为代表，四川是我国重要的竹产区，以箭竹、筇竹为主，川式家具造型多样，对比强烈和谐，充满乡土气息。闽赣式家具，是以福建、江西一带圆竹家具为代表的一类家具，其造型粗犷结实。圆竹家具的造型与地域有密切关系，同时，圆竹可弯可直，可粗可细，为竹家具造型和结构奠定了材料基础。

随着人们环保意识的增强，以及圆竹家具工艺水平的提高，精品圆竹家具给人耳目一新的感觉，且逐渐向高档次产品迈进，走出乡村，走向城市，登上大雅之堂。

1.3　圆竹家具的发展现状

1.3.1　圆竹家具的贸易

我国是主要的家具出口国之一，早在2004年已经赶超意大利成为第一大木质家具出口国。2005~2017年，我国木质家具出口呈稳定增长状态，2017年出口总额上涨到170亿美元，出口总额较2005年增长超4倍，年均增长率为14.5%，其中办公家具增长最快，增速达到15.3%。我国面向欧盟国家家具出口量占出口总量的50%以上，2005~2012年呈现稳定增加趋势（吕祥龙，2018）。2012年以后，由于欧盟绿色贸易壁垒成型，家具出口增幅放缓（闫争楠，2016）。

2015年，我国家具总营业收入7872.5亿元，相比2014年增长9.3%，利润为500.9亿元，同比增长14%，其中，木质家具收入为5030.68亿元，占家具行业总收入的63.9%，且增长最多，比2014年增加9.7%。2016年，我国家具行业总营业收入达到8559.5亿元，累计总利润为537.5亿元，相比2015年增长7.88%，总产量达到79 464.15万件。2012～2017年，我国家具行业规模以上企业5290家，家具类零售额整体保持平稳增长趋势，2017年零售额达2809亿元，相比2016年的2781亿元增加了28亿元。2018年全国家具类消费水平继续保持稳中有增的趋势，行业总营业收入达到9000亿元，家具类零售额突破3000亿元（图1-7）（中国家具协会，2017；韩庆生，2017）。

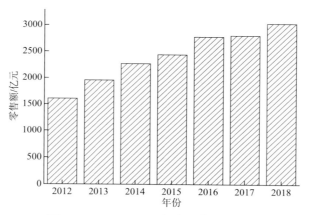

图 1-7　2012～2018 年中国家具零售额

在整个家具市场需求持续增加的趋势下，圆竹家具的产量和销售额在逐步增加，不过由于大部分圆竹家具生产企业的经营和管理方式原始而落后，以家庭作坊式的生产为主，只有很小一部分企业参加家具展销会、开设专卖店（江敬艳和张彬彬，2001），产量和销售额目前仍旧不可与其他类型家具同日而语。同时，囿于经营者素质、企业规模、生产设备水平、新产品开发能力和经营管理水平较低，我国大部分圆竹家具企业营销范围小，缺乏品牌，只有较少企业进入国际市场。

1.3.2　圆竹家具的风格

竹家具历史悠久，但其生产仍处于原始手工状态，随着科技的发展，竹家具的概念和内涵已经发生巨大的变化，以竹为主要原料的家具可分为圆竹家具、竹集成材家具、竹重组材家具和竹材弯曲胶合家具4类（吴智慧，2017）。如何充分利用竹材使竹家具生产走向机械化、规模化、现代化，是家具行业面临的重要课题。

家具是基于人类生活需要而产生的，是人类进化和社会进步的产物，家具的出现是人类进入文明时代的标志之一。家具既是人们生活、工作和交往中不可或缺的现实需求，又是室内陈设和装饰的主要内容，贯穿于人类生活的各个方面。家具形式，凝结着一个国家、一个民族的物质文明与精神文明。在人类发展的长河中，随着朝代的更替和社会的发展，形成了各种各样的家具风格。家具风格是由独特的内容与形式相统一，艺术家的主观特点与艺术的客观特征相统一而构成的艺术区别系统。这种艺术区别系统涵盖了单个艺术品、一个艺术家的所有作品、一个艺术门类、一个历史时期、一个民族或地域、一个阶级、一个王朝等各个子系统，同时，还是对存在的艺术品特征的描述（唐开军，2003）。

家具风格由两部分构成，一是家具形式与功能，二是设计者的设计观念和表现手法。家具的形式与功能是相互依存的，从家具设计的角度来看，形式与功能往往作为设计展开的两个方面分别进行考虑，设计者从形式的更新上来创造出各种各样令人耳目一新的产品。从历史的角度来看，家具功能的改变和人们生活方式的变革是促使家具设计风格转变的重要因素。我们在讨论家具风格时，通常仅讨论其形式和装饰方面的内容，而认定其功能是相同的。设计观念与表现手法是从设计师角度考察风格的两个主要方面，在家具的设计过程中，没有离开设计观念的表现手法，也没有离开表现手法的设计观念。家具风格的特征包括：标准化和多样性，时代性与稳定性，民族性和全球性。当今比较流行的家具风格有英国传统式、法国乡村式、意大利古典式、美国殖民地式、西班牙地中海式、中国明清家具和日本和式。

纵观家具的发展历史，家具的风格多与朝代的更迭或宗教思想的转变相一致，因此家具风格具有繁杂性与多样性。多年来，国内外已有很多专家学者对历史上存在的各类家具风格进行了研究。

德国学者古斯塔夫·艾克先生是对中国古典家具研究较早的先驱者，他于20世纪40年代编写了《中国花梨家具图考》一书，该书从政教、材料、建筑等方面分析了明式家具的成因，图面清晰，结构完整，尺寸标注准确。王世襄、杨耀、朱家普等也是较早研究中国古典家具的学者，王世襄先生的《明式家具研究》一书，可以说是中国古典家具研究的必读之书，书中对明式家具进行了准确的分类、断代，确定了各部位及零件的名词和术语，使该书成为传世之杰作。1980年以前，国人对外国古典风格家具研究很少。随着与国外交流的增加，业内人士才接触到大量的国外家具文献资料，使家具业内人士从多方面接触到西方发达国家家具文化艺术、装饰风格的发展历程和特点。为了促进中国家具的发展，形成新时期具有中华民族特色的家具形式，多年来，国内不少家具行业的专家学者，在前人的研究基础上，对如何借鉴传统，开发新时期的中式家具风格做了大量的研究和探索工作，目前已取得显著成效。

中国是世界上竹资源最丰富的国家，同时我国竹资源的开发利用具有悠久的历史，至今仍有种类繁多的竹制品在日常生活中应用。目前，竹材的利用形式主要有竹质人造板、竹建筑材、日用品、化学产品、竹工艺品等，有十几个大类一万多个品种，竹家具作为日用品的一类，占据重要的地位。圆竹家具作为传统的民间家具，具有浓郁的民族风情，深受人们的喜爱，圆竹家具作为家具的一个分支，具有很大的发展空间。家具的风格并不是千篇一律的，而是在不断的发展中形成各式各样的风格。标准化和多样性是对重复性与概念性的统一规定。标准化以科学技术和实践经验为基础，经各方协调，并以特定的形式发布。时代性和稳定性，客观反映某一时期或地域生产力发展水平及人们的文化观念性质，同时在相当长时期内，家具的内容和形式保持不变。民族性是指民族文化的精华部分，在家具设计中应有意识地挖掘民族文化精华，在该基础上设计出被人认可的精品。

1.3.3 圆竹家具的加工工艺

圆竹家具受加工工艺和生产方式的影响，需要就近取材，所以圆竹家具主要产地都坐落在竹产区，大多数为我国的竹子之乡，如浙江安吉、福建建瓯、安徽广德、湖南桃江等，对我国圆竹家具的发展起到了重要的推动作用。

现代圆竹家具的加工工艺和传统圆竹家具的生产工艺基本相同，其加工过程包括选料、备料、制作骨架、面层制作、部件装配和修整几个环节，根据圆竹家具的种类、造型和功能不同，其工艺略有不同。目前，专门生产圆竹家具的企业数量相对较少，以个体家庭作坊式生产为主。此外，还有一些竹材综合加工企业，其生产规模不大，基本以手工为主，生产条件较为简陋，产品质量不一致，难以标准化。一些生产作坊甚至没有进行原材料的处理和干燥，产品会出现虫蛀、霉变、开裂等缺陷，严重影响圆竹家具的使用寿命、功能和美观。因此，需要采用现代家具的生产方式进行圆竹家具的生产，为圆竹家具的发展、生产效率的提高提供技术支持。

近年来，我国圆竹家具的生产状况较过去有一定的改善，但还处于相对落后的阶段，正逐渐朝着规模化、现代化方向发展。调查显示，全国乡及以上的家具企业中，竹家具制造业占3%，在国家倡导以竹胜木的政策下，竹家具的生产规模远未达到要求。

圆竹家具的制作工艺属于传统的手工操作，由于圆竹家具的种类繁多，生产时需要的工具种类也较多，虽具有一定规模和生产力的圆竹家具企业已用一部分专用的机械设备替代了体力劳动，但手工操作仍占有重要的地位。传统的手工操作工具主要有手锯、电钻、各种刀具和手刨、圆凿、槽刮、锤子、尺、锥子、砍刀等；现代机械加工设备主要有铣床、销竹钉机、刮青机、开竹机、刨面机等（刘星雨，2012；周建波，2008）。

圆竹家具的生产和设计过去多为民间艺人个人行为，只有极少数企业具备产品设计研发能力，且整个行业专业教育水平滞后，人才培养方面短缺，从事圆竹家具事业的年轻人越来越少。我国圆竹家具生产企业很少有专门的设计部门，且经营者素质低、企业规模小、生产设备落后、新产品开发能力和管理水平低，同时我国大部分圆竹家具款式陈旧、技术水平和生产效率低，严重制约我国圆竹家具的发展（江敬艳，2001）。

1.3.4　圆竹家具的发展趋势

随着全球森林资源的日趋匮乏和热带雨林的锐减、生态保护政策的逐步实施，以木材资源作为家具等产品的原料来源正在逐渐改变。由于我国竹资源丰富、文化底蕴浓厚和传统家具技术水平高等优势，以竹材替代木材作为家具等产品原料、大力发展竹家具产业的优势越来越明显。其发展趋势主要有以下四个方面：第一，重视圆竹家具的设计与创新。针对圆竹家具的原料、造型、功能、结构、工艺等系统设计，满足不同消费者对审美、功能、环保等方面的需求。系统设计不仅可以提高产品附加值，还能提高产品的质量和生产效率，为圆竹家具的标准化奠定基础，同时能缩短产品的开发周期，降低开发成本。第二，对圆竹材做进一步的处理和加工。圆竹材含有较多的淀粉等营养物质，传统的防虫、防霉等处理工艺达不到日益严格的产品质量标准，特别是环保要求，因此，需要进一步研发新型改性工艺。另外，对新采伐的圆竹可根据家具的类型和尺寸，预制标准构件，再经干燥、改性等处理，以确保圆竹家具的安全性和使用寿命。第三，改变圆竹家具企业的现状。组织分散的加工企业进行专业化、规模化生产，开发引进先进的设备和技术，提高产品质量和生产效率，降低产品成本。第四，圆竹家具是绿色材料和民族文化的有机结合，丰富圆竹家具的文化内涵，并与其他传统工艺的家具结合，开拓市场（贺瑞林，2016）。

1.4　圆竹家具学的研究内容

圆竹家具学是家具学的一个分支，但它又有不同于家具学的许多新内涵，主要从圆竹家具材料、圆竹家具结构、圆竹家具制造工艺、圆竹家具设计四个方面阐述了材料制备技术、构件制备技术、连接件加工技术、表面装饰技术、设备开发、制造工艺和维护、家具设计理念和方法等，以及圆竹现代弯曲定型、连续化生产、装配式制造、定制式制造等新理念、新技术的应用。

圆竹家具材料主要研究竹种的选择，竹材的特性，材料的初级加工、干燥、定型、改性等，从而满足圆竹家具制造与结构的需求。对新采伐的圆竹材，根据需要加工家具预制构件，通过物理、化学或二者协同作用对圆竹材进行前期处理，对原材料的颜色、强度、纹理及密度等方面进行改进，使其达到家具的要求。

圆竹家具结构主要研究圆竹的形状、结构舒适性、结构合理性、强度要求等，根据人类工效学对圆竹家具连接技术进行创新设计，满足不同使用场合的需求。对连接件的加工、连接技术开发，是圆竹家具成套技术的重要组成，对提高整体结构强度和性能具有重要作用，也可以实现装配、加工、运输更简单、方便、快捷。

圆竹家具制造工艺重点研究圆竹材利用率、设备产能、工艺路线优化、加工技术等，以提高生产效率，降低成本，提高圆竹材的利用率，探索新的圆竹材加工设备，扩大竹材的利用范围，提高和保证圆竹家具的产品质量，寻求合理的工艺设计和设备选型，同时研究采用新的工艺和新的设备来满足新型圆竹家具的加工需求。

圆竹家具设计主要体现圆竹的特点及文化内涵。圆竹外刚内柔，刚柔兼备，外在文质彬彬，内含不拔精神，身拥千秋文化，自强不息，个性鲜明。同时，以保持竹材天然形态为基础开发的家具产品，经济价值是木材家具无法相比的。通过对圆竹家具设计及文化内涵等的总结和提炼，可以提高圆竹家具产品设计、产品研发、市场开拓、队伍培养等能力，加快圆竹家具的发展步伐。

传统的家具为固定结构，人只能被动适应既成的家具；现代家具越来越多地融入了人类工效学的调节功能，人们可以手动调节各种指标，使得家具更加适合个人的使用；在不远的将来，随着智能芯片功能的增强、成本的降低，数据传输越来越便捷，信息接收处理终端的增多，智能化家具已经开始步入人们生活，智能化家具通过数据采集、运算处理、自我调节而主动适应主人的各种需求。传承和发扬我国圆竹家具设计与生产的精髓，利用现代科学技术、新理念、新装备对传统竹产业进行改造，实现标准化、规模化、智能化产品制造，使悠久且年轻的圆竹家具绽放光彩，是本书的目的和意义所在。

第二章　竹材的基本性质

2.1　竹子的生长形态

竹子是多年生禾本科竹亚科草本植物，是目前地球上生长最快的植物之一，能在40～120天的时间达到成竹的高度（15～30m或40m）。竹类植物营养器官可分为地上和地下两部分，地上部分有竹秆、枝、叶等，竹在幼苗阶段称为竹笋；而地下部分则有地下茎、竹根、鞭根等。竹笋和由其生成的秆茎高生长，主要靠居间分生组织形成的节间生长来实现。竹笋出土后到高生长停止所需的时间，随竹种而有差异。例如，毛竹（*Phyllostachys edulis*）需时较长，早期出土的竹笋约60天，末期笋需40～50天。

竹子秆形生长结束后，它的高度、粗度和体积不再有明显变化，秆茎的组织幼嫩，含水率高。毛竹幼秆基本密度仅相当于老化成熟后的40%，其余60%要靠日后的材质成熟过程来完成。秆茎的成熟程度关系到竹材的性质，这正是其加工利用时人们所关心的问题。秆茎材质成熟期中，材质变化有三个阶段，即增进、稳定和下降。在增进阶段，竹秆细胞壁随竹龄增加逐渐加厚，基本密度增加，含水率降低，竹材的物理力学强度也相应不断增加。第二阶段秆茎的材质达最高水平，并稳定。一般认为，第三阶段秆茎的材质有下降趋势。材质随竹龄的变化，因竹种而不同。例如，毛竹的寿命长，6～8年生为稳定阶段，9～10年生或以上属下降阶段（江泽慧，2002）。

2.1.1　竹秆

竹类植物的地上秆茎一般为圆而中空的圆柱状，特称为秆，也有的竹种秆近方柱状，如方竹；有的秆则节或节间为其他形状，如佛肚竹、龟甲竹、罗汉竹等。竹秆由许多节间和节组成，两节之间称为节间。秆基的节上生根，起支持竹秆和吸收土壤中水肥营养的作用，称为竹根，以区别于地下茎上所生的鞭根。

2.1.2　枝条

枝条由秆节上的侧芽萌发而成，与秆一样，通常圆而中空，由节及节间组成。

2.1.3　竹叶

　　竹类植物的叶器官有两种，其一是茎生叶，其二是营养叶。茎生叶着生于竹秆上。枝条各节着生营养叶，叶互生，排列成两行（江泽慧，2002）。

　　中国有丰富的竹类资源，每一种都有自己的特色，很多竹种都适用于来做圆竹家具，如图2-1～图2-4所示的方竹、筇竹、斑竹、龙竹都非常有特点，目前也已经在家具中应用。

图 2-1　方竹（*Chimonobambusa quadrangularis*）　　图 2-2　筇竹（*Qiongzhuea tumidinoda*）

图 2-3　斑竹（*Phyllostachys bambusoides* f. *lacrima-deae*）图 2-4　龙竹（*Dendrocalamus giganteus*）

2.2　竹材的解剖结构

　　竹子的解剖结构与其物理力学性质密切相关，并直接影响其加工利用、防护处理等工艺过程（虞华强，2003）。温太辉（1955）于20世纪50年代便开展了竹类维管束解剖形态相关研究。60年代初，李正理和靳紫宸（1960）对中国多个属竹类的秆部构造进行比较观察，并判别了不同竹材维管束解剖形态的基本差别，把中心一侧增生纤维股的现象作为划分丛生竹与散生竹的依据，此研究推动了以维管束系列类型为依据的竹材解剖特征的系统分类。国外学者通过对竹材横截面维管束的形态、大小和排列等特征研究，将维管束类型划分为开放型、紧腰型、断腰型和双断腰型4种（Grosser and Liese，1971）。中国林业科学研究院腰希申等（1993）在竹材分类、竹种鉴别等方面做了大量研究，并采用炭化制样对竹秆形态及其表皮层、皮层，不同部位维管束构造及其类型，导管、筛管、髓腔外围组织的组织比量等大量数据进行了系统观察、分析、测量及说明，同时以维管束类型结合其他解剖特征进行归纳分类，编制了竹类的分属特征检索表。

　　近年来，作为基础研究的重要内容，竹材微观结构领域的研究和成果逐渐增多，出现了更多新的研究技术和方法，学者在竹类细胞基本形态、生长发育过程、形成机理和超微构造及其与物理力学性质的关系等方面取得了新的研究进展和较大的突破，为更深入地研究竹材性质及其应用提供了重要的数据与理论支撑（刘波，2008）。

2.3　竹材的物理性质

2.3.1　含水率

　　竹子在生长时含水率很高，且依据季节而有变化，竹种间和秆茎内不同部位也有差别。例如，毛竹在砍伐时的含水率平均达80%。气干后的平衡含水率随大气温湿度的变化而增减。据测定，毛竹气干竹材在中国北京地区的平衡含水率为15%。

2.3.2　竹材密度

　　竹材密度与竹种、竹龄、竹秆部位、立地条件等因素有关。一般秆茎的密度自内向外、自下向上逐渐增大，随着秆茎增高，竹壁厚度减小，秆壁内层的密度增加，而外部仅稍有变化，节部密度比节间稍大。生长于气温较低、雨量较少的北部地区的竹材密度较大，而气温较高、雨量较多的南部地区的竹类密度较小。毛竹和慈竹密度1～6年生逐渐升高，8年以后有所降低，大部分竹材基本密度在0.40～0.90g/cm³。

2.3.3　干缩

竹材干缩在不同方向上有显著的差异。例如，毛竹由气干状态至全干，平均干缩系数（含水率降低1%的平均干缩率）分别为：纵向0.024%，弦向（平周）0.182%，径向（垂周）0.189%（有节处0.2726%，无节处0.1521%），可见，纵向干缩比横向干缩小得多，而弦向和径向的差异则不大。同一高度竹壁的内、外层干缩程度也不同，竹青部位纵向干缩小，横向部分干缩大；竹黄部分纵向干缩大于竹青，而横向干缩小于竹青（江泽慧，2002；虞华强，2003）。

2.4　竹材的力学性质

竹材力学强度能够有效地反映其材质状况，也是衡量竹材材质特点的关键依据之一，对竹材在建筑和家具设计等领域的应用有重要的指导价值。我国对竹材物理力学性质的研究可追溯至20世纪三四十年代（刘波等，2008）。早在1944年，梁希和周荣光发表了《竹材之物理性质及力学性质初步实验报告》[①]。1955年，江作昭等对毛竹基础物理力学性质及测试方法进行了系统研究，并发表了《北京市用毛竹性质研究》、《竹材（毛竹）物理力学试验及试材采集方法》草案。60～80年代研究人员对竹材物理力学性质展开了大量的基础性研究。竹子宏观力学性质表现与细胞形态、细胞力学性质、细胞组合方式及连接形式等有着密不可分的关系。随着研究的深入，研究者将注意力转移至竹材纳米尺度的精细多级结构。冼杏娟和冼定国（1990，1991）在国内较早采用扫描电子显微镜原位拉伸技术研究竹子断裂过程，结合宏观力学与微观形貌，系统分析了竹材各部位微观结构特征与力学强度的关系。90年代后，随着试验技术和竹产业的蓬勃发展，竹材研究进入了一个相对快速发展的时期，竹材力学性质研究与探讨在宏观和微观力学方面都更深入了一步。尤其是近10多年，越来越多的研究者利用纳米压痕、微拉伸力学等先进测试技术分别从细胞、组织和宏观水平等测试竹材单根纤维、维管束及竹片的力学性能，将竹材力学强度的表达机理和相关机理研究推向了更精细的层面。但由于竹材的宏观力学性能实际受到竹种、竹龄、含水率、竹秆部位、立地条件及微纤丝角等多种复杂因素的影响，

---

① 梁希，周荣光.1944.竹材之物理性质及力学性质初步实验报告.重庆：农林部中央林业实验所.第1号。

关于竹材力学强度的研究和比较还需要进一步深入，并探索更加成熟、可靠的测试技术和新方法。

2.4.1 拉伸性能

宏观尺度力学测试表明，竹纤维含量（或维管束体积分数）是竹子纵向力学性能的决定因子。竹壁径向自内层向外层力学性能递增，且抗拉强度的递增范围大于其抗压强度。有研究统计了毛竹、刚竹、淡竹、麻竹等多竹种的拉伸性能，外侧部位抗拉强度是内侧部位的1.3～5倍，如湖北产毛竹径向抗拉强度，竹壁外侧为428MPa，中层为225MPa，内侧为100MPa；对于抗拉弹性模量，外侧为23.442GPa，中层为10.996GPa，内侧为6.303GPa。竹材节部对其力学强度影响也较大，无节部位的抗拉强度大于有节部位，这与节部维管束分布弯曲不齐，受拉力时易破坏有关，但整个高度方向上，竹壁外侧抗拉强度和弹性模量均大于竹壁内侧的规律是一致的（周芳纯，1998）。

2.4.2 顺纹抗压性能

竹材顺纹抗压强度在一定范围内随竹龄增加而增大。周芳纯（1998）认为，竹龄与竹材的抗压和抗拉强度关系呈二次抛物线状。1～5年生毛竹抗压强度从49MPa递增至68MPa，且2年生的顺纹抗压强度明显低于3年后生的（60MPa左右），6～8年生的稳定在70～76MPa，9～10年后因竹秆老化变脆强度有所降低，为63～65MPa。竹种等对顺纹抗压强度的影响也较大，与毛竹相比，1～5年生淡竹顺纹抗压强度从59.6MPa递增至135.5MPa，1～5年生角竹顺纹抗压强度从46MPa递增至52MPa。从竹秆部位来看，从基部到梢部，竹材的顺纹抗压强度呈逐渐增加的趋势。与拉伸强度不同，有研究指出，节部的顺纹抗压强度、静曲强度、顺纹抗剪强度、顺纹抗拉弹性模量、顺纹抗压弹性模量和静曲弹性模量等都略比节间（无节）高（周芳纯，1998）。对于圆竹，有节比无节部分的抗压强度高5%～6%，而径级大的竹材因截面较大，受力较大，故其抗压强度小于小径圆竹。有关圆竹与分割后竹片顺纹抗压强度的比较研究较少，早期有学者测试表明分割制样后毛竹的抗压强度比圆竹低10%左右，近年有学者按照GB/T 15780—1995和ISO 22157-1：2004分别测试毛竹竹片与圆竹的抗压强度，发现圆竹的典型特征是同时发生压缩破坏和弯曲破坏，毛竹竹片纵向抗压强度大于圆竹，但差异不大（张丹，2012）。相关比较研究有待进一步深入。

2.4.3 弯曲性能

竹龄和竹秆部位对竹材抗弯强度与抗弯弹性模量影响显著，随竹龄增加，竹材抗弯强度和抗弯弹性模量增大，毛竹3年后逐渐趋于稳定；大部分竹材沿秆基部至梢部，抗弯强度和抗弯弹性模量增大；竹壁径向从内层竹黄处向外层竹青处，抗弯强度和抗弯弹性模量也逐渐增大，这是由竹壁单位面积内维管束分布增加引起的。圆竹的弯曲性能测试与竹片的测试方法类似（图2-5），其抗弯强度也基本符合上述规律，同竹龄的毛竹高度方向上抗弯强度表现为：底部＜中部＜顶部；同竹秆部位抗弯强度表现为：4年生＞6年生（张丹，2012）。研究表明，竹材气干状态下弦向抗弯强度在155.8～200.1MPa，径向抗弯强度在130.7～173.7MPa，抗弯弹性模量为12.5～18.5GPa（叶克林，1993）。竹材抗弯强度高，挠度大，但缺乏刚性（Chen et al.，2020），因此，圆竹在某些实际情况下应用时，应对材料选择和设计条件进行充分考虑，发挥其性能优势。

图 2-5　圆竹弯曲性能测试

2.4.4　剪切强度

竹材的顺纹抗剪强度是竹建筑或竹家具设计时需要考虑的重要指标之一。竹材顺纹抗剪强度受试件形状和加载速度等因素影响较大，现有的竹材测试标准对顺纹抗剪强度测试条件有不同的规定，因而测试结果有所差异。有研究比较了采用国家标准、行业标准和国际标准测试得到的毛竹顺纹抗剪强度，行业标准因试样的破坏更接近纯剪的状态，能够更准确地测出竹材的纯顺纹抗剪强度，通过该方法测试的4年生毛竹顺纹抗剪强度平均值约为23MPa，高于国家标准（19MPa）和国际标准（17MPa）的测试值（高黎，2012）。从6年生毛竹中部取样，分别按照国家标准制备竹片和按照国际标准制备竹筒测试圆竹顺纹抗剪强度，得到竹片顺纹抗剪强度为12.86MPa，而竹筒顺纹抗剪强度为13.21MPa，分割制样后差异不明显。毛竹圆竹的顺纹抗剪强度也与竹秆高度呈正相关关系，且受竹龄影响，4

年生毛竹圆竹顺纹抗剪强度略大于6年生（张丹，2012）。

　　竹材的力学性质较复杂，受竹种、竹龄、竹材部位、含水率等多重因素影响，因而其各项力学性质的表现不同，整体归纳有如下特点。

　　（1）由于维管束分布不均匀，竹材密度、干缩、强度等随秆茎高度、所在部位（内、外）不同而有差异。一般，竹材秆壁外侧维管束的分布较内侧为密，其各种强度亦较高。多数竹材秆壁的密度自下而上逐渐增大，故其各种强度也增高。但该规律也受竹种影响，毛竹、撑篙竹和粉单竹的力学性质基本上从基部至梢部呈逐渐增加的趋势，而红竹、淡竹、刚竹、青皮竹等上、下部位差异不大，规律不明显（虞华强，2003）。

　　（2）含水率的增减引起竹材密度、干缩、强度等物理力学性质的变化。据测定，含水率增加引起竹材的顺纹抗压强度、顺纹抗拉强度、顺纹抗剪强度、静曲强度及模量等力学性能的降低，而绝干竹材的力学性能降低则由其质地变脆引起。

　　（3）竹节部分与非竹节部分具有不同的物理力学性质，竹节部分的抗拉强度较节间为弱。

　　（4）随竹龄的不同，竹材的物理力学性质亦不一致。幼龄竹竹材柔软，力学强度低，壮龄竹竹材则坚韧富有弹性而力学强度高；老龄竹竹材质地变脆，强度也随之降低。但同样受竹种的影响，不同竹种力学性质达到稳定的年限有明显差异，大部分竹材力学性能在3~4年后趋于稳定，淡竹、撑篙竹等竹种需时较短，2年左右即趋于稳定，而毛竹需6年左右（江泽慧，2002）。

2.5　竹材的化学成分

　　竹材的有机组成和木材相似，主要由纤维素（40%~60%）、木质素（16%~34%）和半纤维素（戊聚糖14%~25%）构成，另含有少量抽提物、营养物质和灰分等，与力学性质一样，竹材的化学成分受竹种、竹龄和部位等影响而有较大差异。唐国建等（2015）研究表明，竹龄对云龙箭竹细胞壁主要化学成分的影响较大。蒋乃翔（2011）对4种竹龄毛竹的基本化学组成进行了分析，指出竹龄与其化合物含量呈正相关。此外，有研究表明竹材细胞壁的化学成分还受海拔和纬度影响。

2.5.1　纤维素

　　纤维素是植物细胞壁的主要成分，是由经β-(1,4)-糖苷键联结而成的1000~10000个无分支的β-D-葡萄糖基长链构成的高分子均聚物，由碳、氢、氧三种元素组成，化学式为$(C_6H_{10}O_5)_n$，目前，广泛应用于食品、医药、建筑、造纸、日化、废水处理等各个领域。

2.5.2　半纤维素

竹材的半纤维素90%以上是木聚糖。研究表明，竹材木聚糖包含4-氧-甲基-D-葡萄糖醛酸、L-阿拉伯糖和D-木糖，它们的分子数比为1.0∶(1.0～1.3)∶(24～25)。竹材的戊糖含量在19%～23%，接近阔叶材的戊糖含量，比针叶材（10%～15%）高（江泽慧，2002）。目前多用于生产饲料酵母、糠醛、木糖与木糖醇等化工原料。

2.5.3　木质素

竹材的木质素是典型的草本木质素，化学成分与阔叶材相似，由三种苯基丙烷单元——对-羟基苯丙烷、愈创木基苯丙烷和紫丁香基苯丙烷按10∶68∶22的分子数比组成。木质素在表面活性剂、絮凝剂、树脂黏合剂、环氧树脂合成等方面有较多应用。

2.6　竹材的耐久性

与物理力学性质相似，影响竹子耐久性的因素通常有竹龄、竹种、采伐季节、材性、化学成分及使用环境等。由于材质差异，竹材比木材更容易遭受霉菌、虫蛀等危害，且不同种类竹材对侵害因子的抵抗能力不同。竹材霉变不仅造成外观严重的退化，而且是引发腐朽的重要因素，有研究指出未经处理的户外用竹材通常4年左右即发生腐朽。霉变与腐朽使竹材及相关制品失去使用或欣赏价值，严重制约竹材及其产品的开发和应用。在圆竹的应用中，应结合实际情况，选择不同的工艺和条件进行处理或改性，通过新技术、新成果的开发利用，提高圆竹家具的耐久性。

2.6.1　竹材害虫

竹材采伐后易受各种蠹虫侵害，为害严重的种类都属于鞘翅目（Coleoptera）的长蠹科（Bostrychidae）和粉蠹科（Lyctidae）。重要的竹材蠹虫种类有竹长蠹（*Dinoderus minutus*）、日本竹长蠹（*Dinoderus japonicus*）、褐粉蠹（*Lyctus brunneus*）、鳞毛粉蠹（*Minthea rugicollis*）、抱扁蠹（*Lyctus linearis*）、谷蠹（*Rhizopertha dominica*）及双棘长蠹（*Sinoxylon mangiferae*）等（柳晶莹，1983），这些蠹虫的成虫和幼虫嗜食竹材组织，被害竹材受侵害部位往往形成纵列的坑道，严重的甚至变成碎屑。传统竹木工艺品及家具制品的虫害防治以水浸渍和热能灭杀等物理方法为主，气调、微波及射线法也是常见的物理防治措施。总体来说，物理方法安全、简便、无公害，但防治效力有限。化学防治则以各种具有杀虫效果的药剂为主，但大多数防治药剂涉及圆竹处理工艺和生态安全等问题，也不能达到理想的防治效果，因此化学防治急需进行技术更新或开发安全高效的处理试剂。

2.6.2　竹材腐朽

影响竹材耐久性的另一个重要因素是竹材腐朽，竹材腐朽根据外观和形态分为白腐、褐腐和软腐。白腐通常只使竹青面褪色变白，竹壁其他部位则覆盖着真菌代谢的大量黑色色素；褐腐是使竹材变褐的一种腐朽，是一种内腐形式；软腐是使竹材表面形成软化层的一种腐朽，一般软化层下的竹材依然完好。因竹壁厚度方向上的竹青、竹肉和竹黄三个部位化学成分略有不同，其腐朽程度也略存差异（李霞镇，2018）。

研究指出，竹材的天然耐久性与其种类、采伐季节等均有关（Sun et al.，2007），竹青、竹黄耐腐性受竹种和竹龄的影响，经褐腐菌侵染后竹材试样的失重率比白腐菌高。陈利芳等（2007）对车筒竹等11种竹材进行了防腐可处理性和天然耐腐性研究，发现竹材的防腐可处理性与其密度呈良好的线性相关，而天然耐腐性与竹材密度没有明显的相关关系，其天然耐腐月数不超过24个月。

表2-1为毛竹等6种竹材的室内耐腐性试验结果，受结构和成分等因素影响，不同竹材的天然耐腐性差异较大，天然耐久平均月数随彩绒革盖菌侵染后竹材失重率的增加而减小（刘磊等，2005）。

表 2-1　不同竹材的室内耐腐性试验失重率（%）

竹种	彩绒革盖菌	密粘褶菌	耐腐等级
毛竹	15.58	13.50	耐腐
大泰竹	18.38	13.39	耐腐
马来甜龙竹	34.21	16.31	稍耐腐
车筒竹	22.91	18.06	稍耐腐
撑篙竹	33.69	23.82	稍耐腐
麻竹	34.08	16.78	稍耐腐

刘磊等（2005）和陈利芳等（2007）分别研究了不同竹种的性质及其天然耐久性，结果表明，毛竹的天然耐久平均月数可长达24个月，而多数竹材的天然耐久平均月数低于24个月（表2-2）。

表 2-2 不同竹材的平均直径及天然耐久平均月数

竹种	平均直径/cm	天然耐久平均月数
毛竹	7.570	24
大泰竹	4.916	18
马来甜龙竹	7.914	9
车筒竹	10.394	18
撑篙竹	5.112	9
麻竹	4.482	9
粉单竹	4.791	15
龙竹	6.080	12
云南甜竹	5.783	12
青皮竹	2.675	18
龙头竹	7.172	15
椅子竹	4.737	21

2.6.3 竹材霉变

竹木材受微生物入侵、定殖和降解与周围环境物理、化学及生物因子的共同作用有关，这些因子包括营养、水分、空气、温度、湿度、pH、光照和地球引力等，而竹子营养物质丰富，为霉菌、蛀虫繁殖提供了充分的营养基础。竹材霉菌种类繁多，有学者对我国华北、华南和华中等几个地区的变色发霉竹材和竹制品上真菌进行标本采集、分离、纯化和生物学特性观察等研究，鉴定出这些真菌分属于2门2纲4亚纲10目15科22属，种类达56种。它们主要为变色菌和子囊菌纲真菌，其无性型分别为木霉属（*Trichoderma*）、曲霉属（*Aspergillus*）、青霉属（*Penicillium*）、链格孢属（*Alternaria*）和球二孢属（*Botryodiplodia*）真菌等（马星霞等，2011）。

高温灭菌法、水浸法、烟熏法、涂刷法等是常见的预防霉变的物理方法，物理方法的优点在于基本无残毒、无污染，但主要缺点是时间要求长，防霉效力不足。例如，经过汽蒸和煮沸等方法处理的竹材若不及时干燥，在环境中吸湿后，容易再度滋生霉菌。常见的化学防霉处理主要依靠不同类型的药剂来达到对竹材杀菌抗霉的目的，通常分为无机、有机、复配、环保型、自制防霉剂等，不同种类防霉效果有所差别。但多数药剂对人体和环境都有不良影响，出于对自身安全和环境保护问题的关注，许多欧美国家相继禁止了一些高毒性防霉剂的使用，国内对防霉防腐试剂的环保要求也日益严格。近年来，有学者试图通过对竹材进行改性的方法来提高竹材的防霉性能。例如，通过对竹材进行乙酰化处理，可使竹材中的亲水羧基被疏水的乙酰基所置换，从而改善竹材的抗菌防霉性能和尺寸稳定性。利用纳米TiO_2和ZnO的光催化原理，直接攻击细菌的细胞，致使细菌细胞内的有机物降解，也能达到一定的抗菌防霉效果。另外，利用树脂改性等也是提高竹材防霉性能的一个有力途径。但实际上由于圆竹的特殊组织结构和形态，在化学处理方面仍存在不少问题，如圆竹易开裂、药液难以充分渗透等。近年来，也有研究者致力于开发新型的圆竹防护剂及处理技术，对新鲜竹材实施防护处理并保证所需载药量，以达到一定程度上建筑用竹材长效防护的目的。

竹材的耐久性受竹材材性、使用环境等多种复杂因素影响，实际应用中，竹材尤其是圆竹的防护还存在较多的困难和局限，如圆竹开裂和霉变是圆竹大规模应用的重要制约因素。基于全社会对化学改性试剂流失性的关注和对生态、环保要求的提高，常规、传统的依靠化学试剂的竹材防护处理方法和技术受安全、环境因素制约，也并不能完全适用于室内和对环保要求较高的场合。另外，圆竹家具的防护处理有别于普通竹材制品，在工艺和技术上有其特殊性。因此，根据竹材性能特点和使用要求，研究低毒性、易渗透的竹材防霉或改性试剂，尤其是综合性绿色防护新技术的开发应用，将是未来竹材防护研究的重点，也是竹材大规模工业化利用的重要技术支撑。为保证圆竹家具的健康使用，延长家具外观寿命和耐久性，急需开发绿色、环保、高效的家具用新型竹材防护技术或处理工艺，在制备或加工过程中对其进行科学处理，并应在后续使用中进行定期维护。

第三章 圆竹家具标准材制备

3.1 圆竹采伐及初级加工

3.1.1 圆竹的采伐

竹材作为天然生物质材料，一次种植，永续利用。因立地条件不同、竹种不同、竹龄不同、竹秆部位不同，竹材性能差异较大。竹材用于制作圆竹家具，提供标准化、规格化的圆竹材非常关键，要获得足够的圆竹标准材，合理的采伐、运输、初级加工、仓储、分级分等、二次加工等是重要保障。如图3-1所示，对采伐的圆竹进行分级、拣选等，再经过微波定型、干燥和改性的一体化处理，得到适合制作圆竹家具的材料后方可组装家具，以确保家具质量。

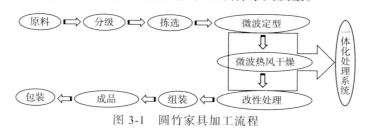

图 3-1 圆竹家具加工流程

圆竹专业化采收在我国还处于初级阶段，专门从事圆竹家具生产的企业数量很少，规模也不大，个体家庭式作坊占大多数。此外，一些竹材综合加工车间也出现圆竹家具的生产，基本以手工为主。圆竹材的采收以人工砍伐为主，所用工具常见的有刮刀、油锯、扁刀、手锯等（图3-2），采伐手段较落后。目前，急需现代的采伐工具和科学的采伐方法，并建立专门的采伐公司和团队进行圆竹的采收工作，提高圆竹家具的生产效率，提高竹材的利用范围。

（a）勾刀   （b）弯刀   （c）扁刀

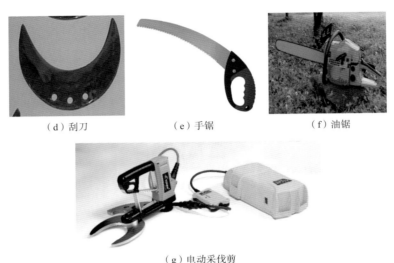

（d）刮刀　　　　　　（e）手锯　　　　　　　（f）油锯

（g）电动采伐剪

图 3-2　圆竹材采伐刀锯

此外，竹材采伐时需要考虑的因素较多，如采伐周期、采伐速度、采伐方式等。竹林管理需基于竹子的生长发育规律。早晨，在光合作用的基础上，竹子内部的淀粉从根部运输到叶子，因此这个时间段是最不理想的采伐时间。研究表明，采伐竹子的最佳时间是日出之前（晚上12点到早上6点），此时大部分淀粉等营养物质仍然存在于地下茎和根部，这个时间段采伐的竹子不易生虫、质量轻、容易干燥。

采伐季节对材性有重要的影响，通常在生长时间不易进行采收，即春季后期到雨季结束，此时雨水充沛，竹材的糖类含量较高，容易受到细菌的侵害。而生长期之后采伐的竹材，碳水化合物含量少，可有效减少生物降解，而冬季采伐的竹子比夏季采伐的竹子更容易保存。竹龄是竹材采伐需考量的重要因素。根据产品的要求，选择不同的竹龄进行采伐，而根据一些形态特征，如秆鞘、颜色、质地及分枝，都可以对竹龄进行判断，通常经营管理完善的竹林，都会在竹秆上标注出笋年份，便于采伐时的竹龄判断。例如，应用于建筑领域时，竹龄一般在3～5年，对于一些工艺品，则选择1～2年的竹龄。3～5年生竹材，韧性好，强度高，也是应用最多的竹龄段；大于5年的竹材，硬度较大，竹内壁渗透性较差，改性处理时药剂不容易浸入；当竹龄超过6年时，力学性能下降，内部容易生虫，一般不被利用（Liese，2015；Banik，1993）。

采伐方式主要有选择性采伐和清伐。根据竹林的生长状况，选择性采伐可有效避免竹林结构遭到破坏，如选择强度高和合适竹龄的竹材采伐应用于建筑，而1～2年生的竹材坚固性较差，不适合应用于建筑领域（Banik，1993）；对于10～12年的采伐周期，竹子的再生能力较低，且竹秆直径达不到正常尺寸要求，可采用清伐的方式进行采伐，在没有外部因素干扰的情况下，清伐之后5～7年才会长出适销尺寸的竹秆。研究表明，清伐后大约10年才会产生正常尺寸的竹秆（Tewari，1992）。由于恢复缓慢和生物量降低，一般不建议用清伐的方式进行采伐。

　　目前，圆竹家具常用竹种以刚竹属为主，如毛竹、刚竹、淡竹、桂竹等，还有簕竹属的车筒竹、硬头黄竹、撑篙竹、青皮竹、粉单竹等，矢竹属的茶杆竹，牡竹属的麻竹，慈竹属的慈竹及大明竹属的苦竹等数十种（表3-1）。

表 3-1　常见竹种及采伐年龄

竹种	拉丁名	竹高/m	胸径/cm	年龄	竹种	拉丁名	竹高/m	胸径/cm	年龄
慈竹	*Neosinocalamus affinis*	5～10	3～6	3	龙竹	*Dendrocalamus giganteus*	20～30	20～30	4
毛竹	*Phyllostachys edulis*	10～20	8～18	4	麻竹	*Dendrocalamus latiflorus*	15～25	8～25	3
红竹	*Phyllostachys iridescins*	8～12	4～7	3	梁山慈竹	*Sinocalmus affinis*	8～15	4～8	3
早竹	*Phyllostachys praecox*	7～11	4～8	2	簕竹	*Bambusa arundinacea*	8～20	5～15	3
高节竹	*Phyllostachys prominens*	7～11	3～8	3	孝顺竹	*Bambusa multiplex*	2～8	1～4	2
刚竹	*Phyllostachys viridis*	6～15	4～10	4	撑篙竹	*Bambusa pervariabilis*	10～15	4～6	3
冷箭竹	*Bashania fangiana*	0.5～3	4～7	2	硬头黄竹	*Bambusa rigida*	5～16	4～6	2
方竹	*Chimonobambusa quadrangularis*	3～8	1～4	2	车筒竹	*Bambusa sinospinosa*	8～24	7～14	3
箬竹	*Indocalamus tessellatus*	1～2	0.5～1	2	青皮竹	*Bambusa textilis*	6～12	2～6	2
苦竹	*Pleioblastus amarus*	3～5	1～3	3	马甲竹	*Bambusa teres*	10～23	4～10	3
茶杆竹	*Pseudosasa amabilis*	7～13	2～8	3	小佛肚竹	*Bambusa ventricosa*	8～10	5～7	2
筇竹	*Qiongzhuea tumidinoda*	2.5～6	1～3	3	木单竹	*Bambusa wenchouensis*	12～16	8～10	3
中华大节竹	*Indosasasinica*	15～20	8～10	3	黄竹	*Dendrocalamus membranaceus*	10～24	6～12	4
大泰竹	*Thyrsostachys oliveri*	10～25	5～8	3	牡竹	*Dendrocalamus strictus*	6～16	3～9	3
箭竹	*Fargesia spathacea*	2～5	1～6	2	思劳竹	*Schizostachyum pseudolima*	5～10	3～4	3

竹种	拉丁名	竹高/m	胸径/cm	年龄	竹种	拉丁名	竹高/m	胸径/cm	年龄
罗汉竹	*Bambusa ventricosa*	5~12	2~5	2	香竹	*Chimonocalamus delicatus*	8~10	4~8	3
白竹	*Fargesia semicoriacea*	6~8	4~7	2	绿竹	*Bambusa oldhamii*	6~12	3~9	2
淡竹	*Phyllostachys glauca*	5~14	2~10	2	瓜多竹	*Guadua angustifolia*	10~25	7~20	2
水竹	*Phyllostachys heteroclada*	3~6	1~4	3	乌哺鸡竹	*Phyllostachys vivax*	5~15	4~8	3

毛竹也称楠竹，单轴散生，竹鞭粗壮，竹秆端正，梢部略弯曲，高10~20m，胸径8~18cm，材质坚硬强韧，是我国竹类植物分布最广、用途最多的优良竹种，可制作竹板、脚手架、工艺品等，更是制作圆竹家具的理想材料。

刚竹也称台竹，单轴散生，节间较短，直径较小，竹秆直立，高6~15m，胸径4~10cm，竹壁厚中等，主要分布在长江、黄河流域，耐寒，质地细密坚硬，韧性较差，是制作农具和家具的材料。

淡竹又称甘竹，单轴散生，节间较长，直径小，竹秆细长，高5~14m，胸径2~10cm，质地坚韧，是制作家具的理想材料，也可用于制作竹篓、筐、工艺品等。

车筒竹也称车角竹，合轴丛生，竹秆直立、高大，高8~24m，胸径7~14cm，竹壁厚，竹秆深绿，主要分布在我国华南和西南地区，适应性强，材质坚硬，适合作为建筑材料使用和制作家具。

撑篙竹，合轴丛生，竹秆直立，高10~15m，胸径4~6cm，竹壁厚，竹秆绿色，华南地区人工栽培竹种之一，分布在珠江流域中下游，力学性能良好，是制作家具、农具等的材料。

硬头黄竹，合轴丛生，竹秆直立，梢部微弯曲，高5~16m，胸径4~6cm，竹秆深绿色，质地坚硬，主要分布在四川、湖南、两广地区，是制作担架、农具及家具的材料。

茶杆竹也称沙白竹，复轴混生，竹秆坚硬、直立、节平，高7~13m，胸径2~8cm，久放不生虫，可用于雕刻和制作家具、运动器材等。

慈竹也称田竹，合轴丛生，竹秆梢部细长、弧形下垂，高5~10m，胸径3~6cm，节间圆筒形，竹壁薄，分布于云南、广西、四川等西南地区，是制作编织工艺品和家具的优良材料。

不同地区的竹种具有不同的特性，根据其特性采用不同的生产工艺制作不同风格和形态的圆竹家具，对圆竹家具业的发展具有重要的意义。

3.1.2　圆竹材的初级加工

　　根据产品的需求，在竹子采伐季节，选择适当的尺寸、竹龄及竹种进行采伐。新伐倒的竹子需要进行初级加工（图3-3），如修剪、锯切等处理，需要根据产品要求对竹秆长度进行锯切，一般尺寸为1.7～3m长，捆扎之后通过人工或其他的方式运输。更长尺寸的竹秆，如8m长，通常采用水路运输的方法运至加工厂或集市进行进一步的加工或直接销售处理。

图 3-3　竹材初级加工

　　竹材是力学性能最强的生物基结构材料之一，其被用于各个行业，应用形式多种多样，如圆竹、竹片、竹篾及竹丝等。圆竹材经过加工和改性处理后直接应用于建筑领域、家具行业等，圆竹利用是最环保且成本低的应用方式，加工过程比较清洁，根据产品需求选择不同径级的圆竹，锯切成规格长度，直接应用于制造产品。

3.1.3　圆竹的运输

　　天然竹林一般成片生长在山坡或河流沿线，占整个经济竹种的70%～90%，受地理位置的限制，天然竹林的采伐和运输比较特殊，常见的竹材运输包括人工搬运、索道运载、水运及动物运输等。

　　竹子采伐之后，从距离地面0.3～0.45m处锯切成一定的长度，经过简单修剪，捆扎成束，每捆5～10根，以便进行人工搬运。竹子在山上被砍伐后，通过人行步道搬运或索道运至山脚，装车后运到工厂进行加工处理。对于路程远不利于人工搬运，且地理位置临近河流的采伐区域，通常采用水路运输，把新伐倒的竹子进行简单的处理，长度在3～6m的竹子12～26根捆扎一起，放置于竹筏上运输到靠近河岸的市场或道路。受区域和水流的限制，水路运输一般要2～5天完成，在这个过程中约10%的竹子会腐烂或霉变，而从不同采伐点最后获得的竹子约占总量的80%。竹子的这种运输方法是当地居民智慧的体现，据统计，每年有上百万根竹子通过水路运输，该方法不需要任何能耗且环境友好，同时在运输的过程中可以进行改性处理，因此，提高了竹秆的耐久性。

3.1.4　竹单元的初级加工

　　竹篾是竹材基本构成单元之一，主要是由竹材经过截断、剖分、去节、剖篾等工艺加工而成（图3-4）。考虑到使用强度和利用率等因素，一般选择3年以上竹龄、竹秆弯曲度较小、直径较大的竹材为原料。根据产品需要，竹篾的长度不定，但不宜使用过多的短竹篾，会影响产品质量，竹篾过长会影响竹材的利用率，增加成本。因此，竹篾的加工应考虑产品质量和成本两方面因素，选择合适的工艺进行加工。生产竹篾时，根据径级对竹材进行分片，然后放入竹篾剖分机（图3-4d）。剖篾机主要由机架、进给部分、切削部分组成。机架由角钢焊接而成，用于固定其他零部件组成设备主体。进给部分由电机、传动部分、进料辊和导向块构成，为了增加进给力，通常进料辊加工成直齿辊，对进料辊的间距进行调整，可加工厚度不同的篾片。

（a）竹丝　　　　　　　　　　　　（b）竹篾

（c）竹丝剖分机　　　　　　　　　（d）竹篾剖分机

图 3-4　竹材基本单元及初级加工设备

　　竹丝是竹材又一基本构成单元，由竹材沿竹纤维方向拉丝制成，它保留了竹纤维的强韧性，也保留了其耐弯折的特性（图3-4a）。竹丝主要经过锯切、卷节、剖分、起间、开片、劈篾、抽篾、刮青、劈丝等工艺制作而成，对于需求量较大的公司，可配备专业的竹丝剖分机（图3-4c），以保证生产需求。竹丝分为青丝和黄丝两种，分别由竹青和竹黄部分制成。青丝柔软，韧性好，品质最优。黄丝柔韧性差，易弯折。常用的竹丝类型有：纬丝、绞丝、锁口丝和托花丝等（于丽丽等，2015）。

毛竹材用于制作建筑用脚手架、棚架及加工用竹制成品和半成品，可根据相关标准（GB/T 2690—2000）对其进行质量辨别。另外，竹材的物理力学性质试验方法也有相应的国家标准规定。在国际标准方面，ISO 22157-1、ISO 22157-2规定了竹材的采集及物理力学性能试验方法。

竹林采伐和运输是人们利用竹资源、改善竹林结构质量、促进竹林生长的手段，为了使竹林采运技术与生态系统协调发展，探索竹林开发新技术是竹产业发展的必然趋势。

根据竹产业的发展，需要形成一批稳定的、连续的和规模化的竹材采集和加工企业，保证竹子原材料的正常供应，同时满足下游竹产品发展的需求，培训具有专业知识的采伐人员，科学合理地进行竹林采伐、干燥及标准材的加工（图3-5和图3-6）；为了适应季节性采伐的需要，专业的采伐团队应具备专业人员、专门工具、专门装备、专门运输车辆，并对原材料进行初级处理、合理仓储（费本华，2020），防止霉变腐朽的发生。由此可见，竹材的采伐和运输及存储，对竹产业的发展有举足轻重的作用；采伐设备的设计应以减轻操作人员的劳动强度、提高工作效率、加强安全性为前提，以科技为龙头，集中力量解决采伐机械成套设备问题，这样竹产业势必迎来快速发展的机遇；提倡采用生态采伐与运输，选择合理的采伐方式和工艺，设计适合当地条件的采伐设备，实施间伐作业，合理布局林间道路网（费本华，2019；冯怡，2008；孙正军，2005）。

（a）自然干燥　　　　　　　　（b）微炭化

图 3-5　圆竹自然干燥和微炭化处理

图 3-6　大型超市的圆竹标准材产品

3.2　圆竹标准材分级

3.2.1　圆竹材的分级

　　根据圆竹家具的设计和制作要求，对采收后的圆竹材按照目测或机械分级方法进行分级，根据强度、尖削度等进行分级，然后，同一类尺寸、同一类强度或尖削度的圆竹段，根据不同等级或使用标准进行分类堆放、仓储、备用（图3-7）。

（a）紫竹

（b）方竹

（c）茶杆竹

图 3-7　分级后的家具用圆竹

　　圆竹分级是提高产品质量和扩展其应用范围的关键技术，可对产品的性能进行调节和提高，而成本无明显增加，分级后的圆竹材可根据不同的特性，用于不同的目的。

　　目前，目测分级和机械分级是圆竹材分级的主要手段，该方法在进出口贸易中被广泛应用，不同国家关于分级各有侧重，主要的分级指标为尺寸要求和几何形状，尺寸要求主要依据圆竹内外直径大小、竹壁厚度及其他尺寸特性进行分级；几何形状指圆竹材内外尖削度、通直度和离心率，采用定期评价的方法进行分级。随着分级手段的不断更新，采用一些设备进行辅助分级使用越来越广泛，如采用实验室设备对圆竹进行试验分级，测量圆竹密度、硬度、含水率、静态弯曲强度和动态弹性模量。

竹篾、竹条、竹束及竹单板是竹材的常用形式。规格竹条指尺寸稳定、无缺陷的精刨竹条，对规格竹条进行密度和模量分级，是提高竹材利用率的重要途径。

基于模量分级是根据规格竹条的模量进行分级，从而可以保证原材料的模量控制，需要对规格竹条进行抗弯模量测试。参照标准GB/T 15780—1995《竹材物理力学性质试验方法》，对完整的规格竹条进行抗弯模量测试，样品长度为160mm，跨厚比为12，预加载应力以10N/s的速度施压至200N，重复6次，计算100~200N的直接模量，并以均值为最终的结果。根据模量分布，可将规格竹条划分为3个区域，即高模量区（≥10GPa）、中模量区（9~10GPa）和低模量区（≤9GPa）。以1GPa的模量间隔对规格竹条进行分级，即E6，E7，E8，…，E13（宋光喃，2016）。

竹材密度是决定其物理力学性能的主要因子，研究表明竹材基本密度的范围在0.4~0.9g/cm³，其分布不均匀会导致许多性能出现差异，因此，为了保证产品性能的稳定，有必要对圆竹材进行密度的分级。目前，分成3个密度等级：低密度≤0.48g/cm³，中密度0.48~0.65g/cm³，高密度≥0.65g/cm³（杨利梅，2017）。

压痕强度分级法也被应用到圆竹材的分级。压痕强度分级根据竹环压痕强度差别分级。研究指出，株内压痕强度无明显差异，株间压痕强度差异显著。因此，采用压痕强度分级法进行圆竹材的分级，可有效提高原料的利用率。根据压痕强度分级法将圆竹分成4个等级：一级≤21MPa，二级21~25MPa，三级25~29MPa，四级≥29MPa。

圆竹分级是减少或避免其不均匀性的途径之一，可以根据直径、长度将圆竹进行分级，由圆竹加工而成的竹条也可以根据长宽厚的不同进行分级。将圆竹材分为不同的级别，可保证材料的均匀性，提高产品的性能，是突破圆竹材应用模式的重要途径。

3.2.2　圆竹力学性能与分级

圆竹在径级、材性和尺寸等方面的变异性较大，建筑师很难精确地获得单根或整批圆竹的强度数据，对它们的选取和应用更多地依赖于经验，缺少必要的设计参数，因此，圆竹在使用过程中受到极大的限制。目前，需要对圆竹力学性能进行测试，进一步完善圆竹力学性能测试的相关标准，为圆竹的应力分级提供基础数据。研究表明，针对圆竹材的弯曲、抗剪和压缩性能，利用无损检测的方法测试圆竹弯曲模量，可得到大量有价值的数据，为圆竹的应力分级提供依据。圆竹材的弯曲强度、弯曲模量、剪切强度和拉伸强度与竹龄有关，而力学性能与密度和结构等因素有关（表3-2）。

表 3-2　不同竹龄竹材物理力学性能对比

竹龄	密度/（g/cm³）	弯曲强度/MPa	弯曲模量/GPa	剪切强度/MPa	拉伸强度/MPa
3～4	0.72	78	19	35	2.6
2～3	0.70	76	18	28	2.4

　　通过无损检测可获得圆竹材动态弯曲模量，研究表明，其大小与取样部位有关，动态弯曲模量沿竹秆高度存在一定的变异，底部的弯曲模量小于中部和梢部，而中部和梢部的差异不明显；而静态弯曲模量和强度在高度上也存在一定的差异，底部的静态弯曲模量和强度均小于中部与梢部，中部和梢部差异不明显。圆竹力学性能从基部向梢部呈增加的趋势，这与竹壁横截面内维管束的分布密度增加有关。

　　竹材的强度随弹性模量的增加而增加，通过分析静态、动态弹性模量和密度等非破坏性指标与强度之间的关系，可在一定程度上预测竹材的强度与特征值（图3-8）。圆竹材的竹节、尖削度及长度方向上的物理力学性质存在一定变异，均会对强度和弹性模量产生一定的影响。通过大量的测试，可建立圆竹弯曲强度与模量的关系模型，以准确预测圆竹强度。研究表明，圆竹材密度与动态弯曲模量具有一定的相关性，可从密度与弯曲模量的关系入手对圆竹材进行分级。

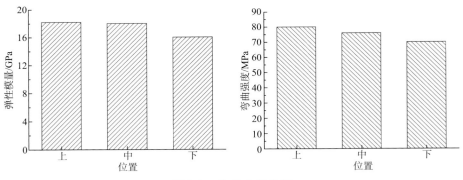

图 3-8　竹材力学性能

3.3　圆竹的异型加工

　　家具生产中，为了满足功能和造型的要求，部分家具零件需要做成各种异面或曲面，称为异型零部件（吴智慧，2019），是家具构成中所有外形不规则零部件的总称，包括各类型面，如直线型、曲线型、回转体型、复杂型等。

　　圆竹家具种类丰富，形态各异，合理和稳定的结构是实现多样化造型的基础。目前常用的圆竹家具零部件类型主要包括线型零部件和面型零部件。圆竹家具常采用异型构件，某加工工艺如图3-9所示。

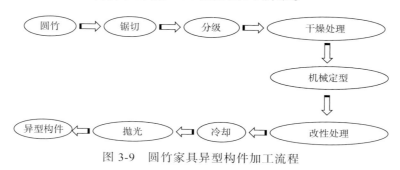

图 3-9　圆竹家具异型构件加工流程

3.3.1　圆竹材的弯曲定型

　　线型零部件是圆竹家具最小的组成单元，如竹秆、竹片、竹丝等，可直接组成家具使用，也可进一步组成其他类型的部件。竹秆型部件有直线型和弯曲型两种。直线型部件指经过校直或圆竹本身为直线形成的直线状零件，一般是对圆竹进行干燥处理，之后进行调直定型。弯曲型部件根据其加工方式，又可分为凹槽弯曲部件和直接加热弯曲部件。凹槽弯曲部件多用于圆竹家具腿脚的骨架弯曲和水平框架弯曲，由于此类部件在一定程度上影响家具受力强度，多采用大径级圆竹材的弯曲；直接加热弯曲加工省时省力，可保持圆竹材的天然美观和力学强度不变，此类构件适合采用小径级进行加工制作。直接加热法利用竹秆的物理特性，加热温度一般在120℃左右，竹秆质地变软，在外力作用下使其弯曲，然后冷水浸泡定型（黄彬等，2015）。

3.3.2　圆竹材定型设备

　　虽然圆竹家具的表现类型变化多样，但独立的面型零部件较少，大多数的面都是根据主体框架结构连接而成，或由圆竹及竹片拼接形成，传统圆竹家具中常见的面型零部件有竹片板、竹排板、圆竹片竹帘板等。

　　竹条面层由竹条平行搭接组成，常见于竹家具面层，在竹家具的框架边缘打有相应孔，在条上制作榫头，组合形成；竹排面层一般以直径较小、竹壁较厚的圆竹为材料，并排拼接形成。

研究表明，在生产中异型零部件的加工方式引进了先进的机械数控机床或自动化技术，但只在部分大型企业的零部件加工中应用，而将整个异型零部件采用先进设备加工，目前十分困难。而采用传统机械设备，异型零部件需要经过数次加工才能成型，因此误差较大，加工精度也会降低。由于国内家具行业先进技术研究起步较晚，自动化等先进设备仅在少数家具企业应用，推广的数控设备数量较少，针对异型部件的加工设备不多见，且设备成本高，同时，国内家具企业工人文化水平普遍较低，自动化设备不能最大程度地发挥优势，因此，加工技术还处在摸索阶段。由于形状结构复杂，异型零部件缺乏规范化管理，没有相应的分类和标准作参考，因此不能根据结构形状选择最佳的方法和工艺（熊先青，2016）。

随着科学技术的发展，传统的圆竹家具构件制作方法已经不适应现代家具行业发展的要求，对于圆竹家具不同组成单元或构件的形状要求，如弯曲件，采用工业处理罐进行干燥和改性处理，同时在处理罐内架设处理工作台等，对圆竹材进行直线、弯曲件预制处理、定型，加工预制构件；将加工好的标准件仓储等，已经是必然趋势（图3-10）。

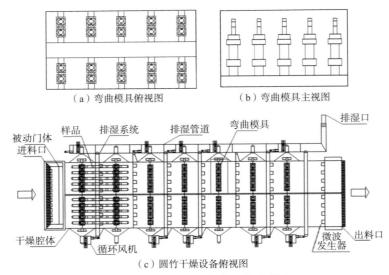

（a）弯曲模具俯视图　　　　　　　　（b）弯曲模具主视图

（c）圆竹干燥设备俯视图

图 3-10　圆竹干燥弯曲一体化设备

3.4　圆竹微波真空干燥

3.4.1　微波真空干燥

微波真空干燥作为一种新型的干燥技术，在食品、材料、化工等领域已有广泛的应用，具有良好的应用价值。筒状结构的圆竹，具有优良的力学结构和美学特征，其在家具和建筑等诸多领域的应用，具有重要现实意义。

传统干燥时，首先通过干燥介质加热物料表面，通过热传导把热量传递到内部，从而达到升高物料温度和蒸发水分的目的。所以，传统干燥中，对物料干燥速率影响显著的因素是干燥介质的温度及传热系数。在微波真空干燥过程中，微波能以电磁波的形式直接穿透到物料内部，极性分子在微波场中发生极化反应，对物料加热干燥，水分得到蒸发。所以，干燥速率与水分移动速率和干燥条件有密切关系。

随着功率的增加，干燥时间缩短，干燥速率增加，表明微波功率对圆竹材干燥速率有显著影响（图3-11）。当功率增加时，单位时间内较多的微波能被吸收，温度迅速升高，水分蒸发加快；此外，圆竹材内部短时间内生成大量的水蒸气，细胞腔内压力升高，细胞与外界总压力差增大，在总压力差的作用下，圆竹材内水分向外移动的速率大大提高（Lü et al.，2019；Yan et al.，2020）。因此，干燥速率随着微波功率的增加而增快，并呈现显著的线性关系，决定系数R^2为0.9961。

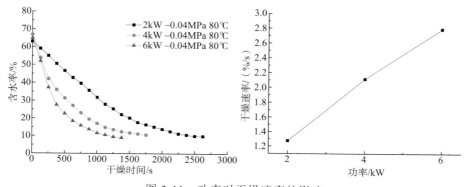

图 3-11　功率对干燥速率的影响

干燥速率与真空度呈正线性关系（图3-12）。主要原因为，随着真空度的增加，水的沸点降低，水分的蒸发速率加快，单位时间内排水量增加；随着真空度的增加，真空罐体内和圆竹材表面的压力降低，而圆竹材内的压力（密封腔体）基本没变化，因此圆竹材内外的总压力差增大，水分向外移动加快。圆竹材水分的蒸发和移动速率都增加，使得圆竹材的干燥速率明显提高，表明真空度对干燥速率的影响显著，决定系数R^2为0.9991。

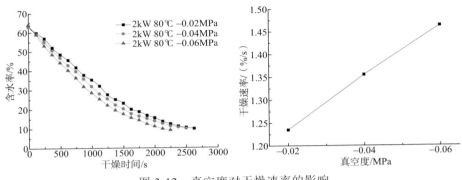

图 3-12　真空度对干燥速率的影响

　　干燥速率与温度呈线性关系（图3-13）。随着干燥温度的增加，干燥速率逐渐增加，达到10%含水率所用时间越来越短。表明温度对圆竹材干燥速率的影响非常显著，决定系数R^2为0.9958。研究表明，随着温度的升高，圆竹材内水分单位时间能够吸收更多的能量，这在一定程度上加速了液态水向气态水的转化，从而加速了水分的排出；此外，随着温度的升高，水分的扩散系数逐渐增加（Dashti et al., 2012；Oltean and Teischinqer，2007），使得水蒸气更容易被排出。因此，随着温度的升高，干燥速率逐渐增加。

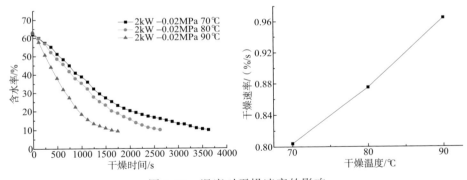

图 3-13　温度对干燥速率的影响

3.4.2　现代微波真空干燥设备

　　圆竹微波真空干燥与弯曲一体化设备适应现代竹家具发展的需求，该设备包括真空罐体、真空泵和微波发生器，真空泵与真空罐体连通以对真空罐体进行抽真空，微波发生器与真空罐体通过导波管连接，真空罐体中设置用于放置被干燥物品的置物架，置物架设置有弯曲模具，以对圆竹进行固定和弯曲塑型。

该设备实现了圆竹材干燥与弯曲成型一体化，操作简单，可根据需要加工各种类型的家具构件，时间短，加工过程清洁，符合生态发展的要求，为未来圆竹家具低碳可持续化干燥提供了一种全新的途径（图3-10c）。

采用微波真空干燥圆竹材时，可在较低温度下达到水的沸点，避免了常规干燥中由于温度过高出现的干煳现象，同时，微波特有的加热原理，实现了对样品直接加热进行干燥，避免了常规干燥需要干燥介质引起的能源浪费，且在真空条件下，压力作用加速了水分蒸发，在节约能源的同时，不会出现开裂翘曲，与传统干燥方法相比，干燥时间缩短了70%～80%，能耗降低了70%左右，大幅度降低了干燥成本。此外，在干燥过程中，可根据需要启动弯曲模具，把样品加工成各种形状，实现了干燥弯曲一体化的目的（吕黄飞，2018）。

微波真空干燥具有干燥速率快、无污染等优点，具备微波干燥和真空干燥的优势，不仅克服了单独微波干燥易炭化的缺点，还解决了真空条件下介质稀少、传热困难的问题，同时降低了成本，缩短了干燥时间。因此，微波真空干燥技术是一项具有发展前景和应用价值的新技术（图3-14）。

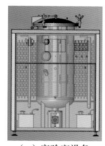 

（a）实验室设备　　　　　　　（b）大型设备

图 3-14　微波真空干燥设备

3.5　圆竹材防护处理

采用工业处理罐、处理工作台等处理改性设备，对圆竹材单元或构件进行干燥、改性、炭化等预制处理、定型，可保持竹材天然纹理，药剂流失性小，材色稳定、均匀、美观，外观尺寸标准、一致等。

竹子可再生能力强，生长周期短，且强度高、韧性好，在生产和使用中环境友好，是理想的工程和家具材料。然而，竹材本身薄壁细胞较多，含有大量的营养物质，如糖类等，使竹材易受霉菌等侵害，大大缩短了其使用寿命。为了解决这一问题，对竹材进行防护处理尤为重要。近几十年来，国际竹藤中心与其他科研单位合作开展了一系列研究，在圆竹材防护方面取得了较大的进展。

防霉防腐技术正在不断更新和发展，如铜唑（CuAz）、季铵铜（ACQ）、苯噻氰（TCMTB）、防霉唑（Azaconazole）等都是常见的圆竹防护药剂，同时还有数十种复合型防护药剂。根据使用环境和要求，不同的防护药剂有不同程度的发展。

目前，铜唑、铜铬砷（CCA）、ACQ等水载型防护药剂多用于建筑及室内装饰材，且这几种防护剂可有效防止白蚁的侵害。ACQ的渗透性较好，对圆竹材的防腐效果好，且综合抗菌性能较优，抗流失性能良好。根据传统圆竹防护分类法，防护药剂还包括油类或油载型防护药剂、水载型防护药剂。相比其他类型的防护药剂，水载型防护剂价格低廉，无刺激性气味，已被广泛应用，如铜唑、烷基铵化物、加铬砷酸铜等。圆竹材新型防护药剂研究的宗旨是对人类和动物无害，且不会造成环境污染，对微生物有高效的抑制效果，可提高圆竹材的使用寿命。圆竹防护处理常采用浸渍工艺，将圆竹放置在浸渍罐体中，加入防护剂进行浸渍，如图3-15所示。

图 3-15　圆竹浸渍罐体

3.6　圆竹材仓储

目前圆竹材及各类竹制单元仓储水平较低、设施陈旧等，如图3-16所示，要从根本上改变仓储的现状，需要建立标准的圆竹材仓储库房，对已分级、分等的圆竹材进行分类堆垛、存放、仓储或直接供应市场，同时建设圆竹标准材市场需求新格局（图3-17）。

　　（a）竹秆　　　　　　　（b）竹筒　　　　　　　（c）竹片

（d）竹篾　　　　　　　（e）竹丝　　　　　　　（f）竹条

图 3-16　传统竹材分级仓储

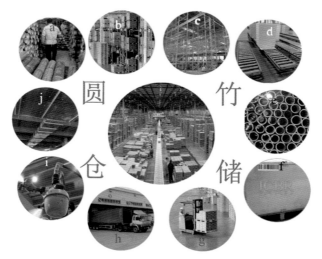

图 3-17　现代化圆竹材仓储概念图

（a）整竹锯切；（b）成品储备；（c）货架；（d）场内运输轨道；（e）圆竹材装箱；（f）装箱后样品；
（g）场内叉车运输；（h）场外集装箱输送；（i）加湿器；（j）通风管道

　　随着科技的发展，高新技术极大地推动了社会生产力的发展，同时必将对仓储技术产生较大的促进作用，从而可建立更加科学、高效的现代仓储技术体系。建立标准的仓储体系，对竹产业的发展有重要意义。

　　圆竹材仓储标准体系的框架结构要分类合理，层次清晰，并具有一定的可扩展性，标准体系内所含各环节之间要协调统一；圆竹材仓储标准体系要系统配套，并包含仓储管理、仓储技术、仓储质量、检测技术、仓储机械和设施、仓储信息技术等；立项正确，科学适用；圆竹材仓储标准体系要充分体现领域专业、科学的技术水平，具有较强的可操作性及管理的有效性。同时，组织竹材加工企业、科研院所、高校等根据行业需求和发展水平研究制定圆竹仓储标准，组织相关科研院所研究开发圆竹材仓储标准体系数据库，做好动态维护，为进一步完善圆竹材仓储标准体系提供技术支持（于旭明，2001）。

第四章　圆竹家具的设计

国家迅速发展带来的环境、资源利用等问题成了木材工业行业的热门话题，推崇可持续发展，使用可持续的、对环境友好的材料和工艺手段已是必然趋势（贺瑞林，2016）。提及环境问题、环保材料，竹材作为一种绿色可持续的材料独占鳌头，令人瞩目，其中对圆竹的利用，更是解决环境、资源利用等问题的突破口。竹材在我国有着得天独厚的优势，种类齐全，产量稳定，竹家具在我国也有着悠久的人文历史。古时文人以竹为君子品格的代表，竹家具、竹工艺品等竹制品被文人雅士所青睐。竹子蕴含了文人气韵，竹家具自然也具有丰富的精神文化内涵。圆竹家具作为竹家具最早的表现形式，具有独特的韵律和艺术性。因此，对圆竹的进一步开发利用能够提高圆竹家具的工业化生产效率，增加产品的附加值。

家具、人、环境三者之间关系密切，家具设计应当随着人的需求和环境变化而变。圆竹家具发展前景广阔，圆竹材为家具可持续发展提供强有力的材料保障。现代圆竹家具设计依照现代设计理念，可以从生产过程、外观造型、连接结构、设计内涵4个方面进行创新设计，同时优化传统家具结构，精简家具构件，充分利用竹材韧性好等性能优势，突出家具的造型美和材质美，设计出符合现代消费者审美，并满足消费者情感追求的圆竹家具。我国作为典型的竹资源丰富而木材资源相对匮乏的国家，配合"一带一路"推动国家竹藤产业的可持续发展，大力发展竹家具产业，有助于缓解环境压力及木材资源紧张的产业局势。

4.1　圆竹家具的设计理念

设计理念是设计师在空间作品构思过程中所确立的主导思想，它赋予作品文化内涵和风格特点。好的设计理念至关重要，它不仅是设计的精髓所在，而且能令作品具有个性化、专业化和与众不同的效果。同时重视产品的经济性和亲民性，善用自然材料强调人情味，以人类工效学为原则进行理性设计，重点突出功能性。圆竹家具设计需要注重文化内涵与功能的融合，以设计加速提升圆竹家具产品功能及非物质文化内涵，进而改变人们的行为和生活方式。

4.1.1 设计文化特征与内涵

4.1.1.1 面向生态文化的家具设计

从传统文化走向生态文化是人类的选择。生态文化的基本特征是：超越以往各种文化形态，在强调文化多样性的基础上，更看重文化的整体依存，即文化系统特征，将人与自然的和谐摆在优先考虑的地位。由此可见，生态文化符合人类的整体利益和长远利益（贾志强和李想娇，2003）。生态文化是人类价值观、人类生存方式的选择，倡导人与自然和谐发展。生态文化势必要转化成一种无形的力量，一种生态道德责任与规范，一种对未来的义务，指引家具设计以舒适、环保、安全、高效为目标和方向来节约资源、保护环境、造福人类（陶涛，2004）。家具设计应当具有文化的时代特征，注重文化传承和文化语义，以人为本，注重生态要素，以生态文化为驱动力的家具设计是未来家具行业发展的方向。

4.1.1.2 竹文化与圆竹家具设计

家具是一种生活方式和行为模式，是一种文化形态、文化载体和文化现象，是物质、精神、艺术文化的综合体现。竹子作为一种物美价廉的可再生资源，被广泛地应用于建筑、家具、灯具、工艺品等的生产制造当中。竹在中国传统文化中蕴含着特殊的意义，我国自古就有"宁可食无肉，不可居无竹"的名句，可见竹子及其工艺制品在中国传统文化中占有极其重要的地位。竹文化作为中国传统文化的特有组成部分，与中国的传统审美观相辅相成。竹文化带有浓郁的美学、文学、民俗和宗教等特点，同时是中国传统文化整体的体现和中华文化伦理性的集中反映。竹文化是圆竹家具设计的重要依据。随着经济的发展，当今消费者环保意识随之增强，人们愈发倾向于选择一种更加绿色健康的生活方式，而竹家具制品因其环保、绿色和高性价比的特点，逐渐进入市场并且受到大众消费者的追捧和喜爱。

中国传统竹文化与科学艺术的结合，能够产生新的生长点。科学与艺术的结合，能够在新的文化生态设计中进一步发掘竹家具新的艺术模式。竹家具的创新设计可以应用克氏循环来提升其创造性，使科学（感知和自然）、工程（生产和自然）、艺术（感知和文化）、设计（生产和文化）相融合，协同发展。

4.1.2 以人为本的设计理念

以人为本的设计，就是在考虑设计问题时以人为出发点、以人为中心展开设计思考，把人的需要放在首位，满足人的需要。意味着设计师需要深刻地理解、准确地把握、清晰地表达使用者心理，同时个人具有完善的道德美感。以人为本的圆竹家具设计应该是基于一定的哲学内涵和文化底蕴，并且采用合适的方法和技术手段，通过特定的载体表现出来，形成形式和内容完美统一的产品。

4.1.2.1　安全健康

家具设计的安全性问题直接影响人的健康。例如，家具设计中存在安全防护缺陷或结构复杂导致安全隐患，材料选择缺乏安全性、有害物质超标等而对使用者健康有影响，并引起伤人事故。

圆竹家具的结构设计要扎实稳定，功能不宜太过复杂，尽量避免出现繁琐的设计。圆竹家具设计基本没有五金配件，是全竹家具，包括框架都是竹材。使用竹材可以避免散发有害物质、污染空气，造型独特、结构复杂的家具，在材料上可以多采用有良好弹性和韧性的竹材，在线条的处理上尽量多采用圆滑的曲线，表面处理要细腻，避免尖锐棱角的出现。

4.1.2.2　舒适性

竹子具有不积尘、不结露、易清洁的特性，避免了螨类、细菌的繁殖，特别适合过敏体质人群使用。竹子的吸湿、吸热性能高于木材，耐腐蚀且不容易磨损、不易变形，比木材更坚硬密实，抗压、抗弯强度更高，质感高雅气派，能自动调节环境湿度，导热系数低，具备冬暖夏凉的舒适特性。竹子具有吸收紫外线的功能，如果使用竹家具，在室内起居时眼睛有舒适感，可一定程度上预防近视等眼疾的发生和恶化。另外，竹子具备良好的吸音隔声特性，能有效屏蔽杂声，使居室显得更为宁静。

4.1.3　生态设计思想

4.1.3.1　生态设计

生态设计观是对传统自然观和发展观的积极扬弃，从关注人类生存环境的高度，打破传统设计观的狭隘视角，用生态设计的眼光与文化触角来认识家具生产，从设计、加工到销售全过程，注重生态系统的整体性、有机性、可持续性和和谐性。

现代圆竹家具的创新生态设计融合了科学、技术和艺术，注重高新技术、现代设计理念与传统工艺相结合，对圆竹家具文化进行宣传和交流可影响人们的概念与情绪，正确对待科技革新是传统工艺文化得以传承的保障。同时，圆竹家具文化作为一种社会因素，对提高社会大众对圆竹家具的认知度做出了贡献，对环境保护及绿色可持续发展具有非常重要的促进作用。

4.1.3.2　低碳化

低碳经济下的圆竹家具设计应从生态设计入手形成自主知识产权；向后端延

伸，形成品牌与销售网络，提高核心竞争力，最终使圆竹家具的产业结构逐步趋向低碳经济的标准。

基于低能耗、低污染、低排放、可持续的健康发展原则，圆竹家具设计应从材料种类选择、结构设计、造型设计、制作工艺设计、包装与运输及家具废弃物的回收与利用等多方面考虑各项因素。低碳设计的方式有很多，其中从源头上减少碳排放量，即选用环保、可持续的材料是达到低碳的一个重要手段，其中我们所熟悉的材料就有竹材。竹材以其可持续、可塑造的特点为广大设计师所喜爱，竹的衍生材料近年来也得到了较好发展。

4.1.4　模块化设计方法

模块是可组成系统的、具有良好可重用性和完整接口的单元（林海，2002）。模块化是一种将复杂系统分解为更好的可管理模块的方式，是适应多样化需求的新标准化形式。首先了解圆竹家具模块的基本特征，分析并进行模块的划分是圆竹家具模块化设计的关键。圆竹家具的模块化是一个过程，主要表现为产品系统的分解和组合，将系统分解成模块，再将模块组合得到新产品，来满足顾客多样化的需求，为企业获取效益和市场竞争力。

圆竹家具的模块化设计是基于模块的思想，面向一定范围内不同功能或相同功能不同性能、不同规格的圆竹家具进行功能分析、需求分析，然后进行模块化设计与创建（通用模块、专用模块、接口组成模块），通过模块的选择和组合构成不同的圆竹家具产品，从而实现圆竹家具的多样化。

圆竹家具模块化设计也需要通过模块化设计原理实现圆竹家具产品的多样化，具体方式为（黄及新，2004）：①通用模块+接口组成新家具，如通用的标准板块加上五金连接件或榫卯组成搁架、书架等各种式样的家具；②通用模块+部分专用模块组成新家具；③改装部分通用模块+接口组成新家具；④研制的新模块+通用模块组成新家具。

4.2　圆竹家具的设计原则

4.2.1　实用性原则

圆竹家具产品都是本着满足消费者的实用需要这一目的而设计制造的，表现为使用功能价值，如节省空间用地、易于单元组合等。

圆竹家具的实用性设计在造型方面，新工艺的出现使竹材能够以点、线、面、块的形式表现而不局限于圆竹的柱状形态，实现了造型上的多样性。在性能方面，采用新工艺加工的竹材具有更加均匀稳定的物理性能，耐用性好，能和不同材料结合，既提升了竹家具的地位，又扩大了竹家具的利用范围。在结构方面，由于加工后解决了天然竹材的各向异性问题，在结构上可以选择五金件、榫卯等多种形式，充分适应工业化生产，进而使得圆竹家具生产成本降低，在生产过程和使用功能上都易于实现模块化。

4.2.2　艺术性原则

艺术性原则直接关系到审美价值。圆竹家具以产品的形式布置于室内外空间界面中，人们在使用过程中，通过对家具的色彩、造型、风格、特点的感受，感受家具的艺术魅力，激发起愉快的心情，从而得到美的享受和文化熏陶。

圆竹家具的审美价值也表现在使用功能上，应使观赏者和使用者都能得到审美情趣的满足。因此，家具产品的外观美要与实用性相互协调，同时相互制约。必须按照形式美的原理来处理各个设计要素的关系，使产品在比例和尺度上满足静态与动态的平衡。与此同时，圆竹家具的款式与风格还要根据环境总体要求和生活时代、地域、民族及文化历史背景来考虑，使款式风格与总体环境相一致。

4.2.3　经济性原则

圆竹家具的经济性涉及生产工艺，为提高生产率和降低产品成本，必须尽量采用先进的工艺和设备，降低加工成本、提高生产效率。圆竹家具的使用寿命和质量，以及圆竹家具的市场需求情况也与经济密切相关。同时，易于维护可以起到节省使用者劳力和财力的双重作用。

4.2.4　可持续性原则

近年来越来越多不符合人类健康、安全、高效、舒适要求，同时对生态环境造成巨大影响的家具产品充斥市场，给人民群众的身体健康和生态环境造成了极大隐患。随着生态文明时代的到来，生态意识的增强，广大人民群众热切呼唤对人类无害、对环境友好的绿色环保家具产品。

我国是世界上竹材资源最丰富、竹加工利用历史最悠久的国家。竹材是一种性能优异的绿色、环保、可持续发展的材料，同时，绿色环保也是现代用户最看重的产品品质之一。竹制家具和藤制家具是传统的民间家具，应尽量开发利用竹藤资源作为家具用材，减少和避免使用高分子化合物。

可持续设计、材料可持续利用，既能保证经济增长与富足的现代生活方式，又能保护生态系统，符合可持续发展的理念。圆竹家具可持续设计应放眼世界、立足本土，满足人们对幸福生活的要求。

根据《环境可持续设计》，可将环境需求与圆竹家具产品的可持续设计整合，有如下几点策略：①将材料和能源消耗降到最低；②选择对环境影响低的工艺和资源；③设计耐用的产品以优化产品寿命；④延长材料生命周期。

4.2.5　工效学原则

随着社会的进步和工效学研究的发展，人类工效学正悄然走入我们的生活，更为广泛地应用于生活中的技术和艺术。工效学从生活环境中人们身体的解剖学、生理学、心理学等方面出发，研究"人-机（包括各种机械、家具、生活器物和工具）-环境"系统中相互作用着的各目标（效率、健康、安全、舒适等）指数，以及这些指数在工作环境中、家庭中和休闲情况下如何达到最佳化的问题。因此生活中工效学应包括人居环境中的工效学、产品设计中的工效学、物品收藏的工效学及室内环境的工效学等问题。

4.2.5.1　用户体验设计

用户体验设计包含了人机界面的设计，它指的是产品或服务中用户能体验的各个部分。用户体验覆盖用户对产品的初步认知、寻找、分类、购买、安装和产品服务、支持、升级，以及用户在生活中使用产品等各个阶段。以用户体验为依据的现代竹家具创新设计就是实现"人-产品-环境"真正的和谐统一，让竹家具真正地融入人的生活环境，这才实现了设计的意义及实际应用价值。

这里的用户体验是指在使用圆竹家具产品时带给用户的体验。从用户体验的角度探讨圆竹家具的设计原则和设计方法：以需求层次理论为基础，阐述用户体验理念在圆竹家具产品设计创新中的优势,结合圆竹家具的时代背景和发展现状，可以分别从感官用户体验、交互用户体验、情感用户体验3个方面分析用户体验在圆竹家具设计创新中的重要性，提出圆竹家具基于用户体验进行创新设计的原则与方法。

圆竹家具用户体验设计原则：①产品充分满足用户需求（行为和心理）；②关注价值、便捷实用；③用户与产品之间的友好性；④视觉的吸引；⑤设计手段不断更新。

圆竹家具创新设计既要表现中国传统文化，又要满足现代人的具体生活需求和心理需求，反映时代的特征。从感官、交互、情感等多个方面不断创新来适应消费者需求的变化，才能实现"以人为本"的设计，使圆竹家具设计在新时代得到进一步的发展。

4.2.5.2　情感化设计

家居产品设计的多元化发展，要以基于设计科学的理性主义设计为主，结合心理学、生理、医学、人类工效学等，体现对技术因素的重视和对消费者更加自觉的关心（何人可，2006）。当下的理性主义设计更加提倡"以用户为中心的设计"，因此，在设计过程中对用户心理、生理等方面的研究，正逐渐成为设计的一项重要内容。情绪作为人的感觉、思想与行为的一种综合心理和生理状态，是对外界刺激所产生的心理反应及生理反应。而情感随着人的情绪瞬息万变产生的心理和生理现象，主要包括生理机制、主观体验及外在表现三方面。情感的表现也伴随着人们不同的立场、想法、意识、观点和生活阅历而转移，情感是人们认知行为的"制动器"，情感在日常生活中的学习、感知、判断、评价等许多认知功能中起着重要的作用，它能够赋予人类更多的创造性和灵活性。

　　人类情绪和认知系统有着密切的联系，情绪情感在人们的生活中发挥着重要的作用，比一般的认知行为更为复杂，更多涉及社会、文化和环境等因素。设计心理学将人脑的思维过程分为三种加工水平：本能水平、行为水平、反思水平（图4-1）（Norman，2005），这三种水平定义了人的低级情感到高级情感，基于心理学研究方法可以为圆竹家具情感化设计注入全新的理念。

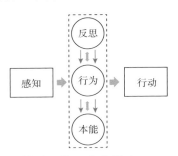

图 4-1　脑思维过程的三种水平（Norman，2005）

　　情感化设计是一种科学的设计方法，是对"以用户为中心的设计"的深层次研究。圆竹家具产品的艺术特征极具包容性，这在很大程度上能够满足用户多样的情感体验需求。利用情感化设计把用户情绪对圆竹家具产品可用性的影响考虑到设计的内容之中，综合运用感性工学的研究方法和以用户为中心的设计原则，通过分析人们对圆竹家具的情感需求和二者之间的情感互动，结合竹材自身的特点，从造型、质感、功能三个方面，从本能层次、行为层次和反思层次进行用户研究和圆竹家具产品设计，目的是要提高圆竹家具产品的愉悦性，使圆竹家具情感化设计与时俱进、因材制宜和满足个性化需求，以此调动用户在使用圆竹家具产品过程中的积极情绪，实现高水平的竹家具设计，从而提高用户使用圆竹家具的质量。圆竹家具情感化设计原则：①满足用户的心理、生理特征需求；②实现用户的情感化体验；③从属社会文化的原则；④考虑生活环境的影响。

4.2.5.3　尺度性设计

人与物、人与空间、产品与人的动作尺度应相适应。虽然男女老少身体尺寸有一定差异，但是整体的尺寸符合正态分布，人行为活动频率最高的区域是大致统一的，坐卧类家具的高度、抽屉的位置、搁架的分层数量都需要符合人的行为习惯，要有一定的科学依据。

4.2.5.4　舒适性设计

圆竹家具的舒适性主要取决于它满足人物质与精神两方面需求的程度。前者就是在功能上满足家居生活的使用要求，并提供一个使人体感到舒适的自然环境。后者则是创造出一种和家居生活相适应的氛围，使家具具有一定的审美价值和情感价值。

4.2.5.5　多功能设计

多功能设计就是要求一件家具多种使用功能，具有灵活性大、功能之间转变简便的特点。圆竹家具的多功能设计要赋予家具有艺术文化价值的生命力，统一技术与艺术，并注重造型，尽可能地体现人情味和亲和力。

4.2.5.6　包容性设计

2005年英国标准协会将包容性设计定义为："主流产品和/或服务的设计，可以被尽可能多的人所接受和使用，不需要特殊的适应或专门设计"。

用户的多样性决定了其能力、需求和愿望的差异，每个设计决策都有可能包含或排除消费者。包容性设计强调了理解用户多样性的贡献，从而为决策提供信息，从而使尽可能多的人参与进来。

圆竹家具设计的包容性原则不建议总是可能的（或适当的）设计一个产品来满足全体消费者的需求。相反，圆竹家具的包容性设计通过开发一个产品和衍生产品系列，确保每个产品都有清晰和明确的目标用户，降低使用每个产品所需的能力水平，以改善广大客户的用户体验等方式指导针对消费者多样性的适当设计。

4.2.5.7　圆竹家具创新设计应用人类工效学的设计程序

人类工效学、人体工程学培养的不仅仅是一种尺度的概念，更是人与机、人与物、物与环境之间的尺度关系，不是仅仅通过查阅相关资料和数据就能获得。因为人的心理、生理反应不是一成不变的，且家具产品的使用方式也在发生变化（胡海权，2106）。现今的设计正朝着多领域交叉、多感官体验的方向发展，这就意味着设计者要对人与物的关系问题进行不断的探索，应该努力探讨人类工效学在家具设计中的应用，以及各种试验的具体方法和辅助分析手段。

针对传统竹文化及竹家具的特征，在对用户体验及竹家具市场进行调查研究的基础上，运用人类工效学理论方法评估设计方案，同时可结合克氏循环理论提升设计创新性，以竹制品的现代化加工为基础，构建圆竹家具创新设计的流程体系，并通过设计实践加以验证，为高附加值圆竹家具产品的开发提供科学的理论参考依据，以期提高竹材的数字化、标准化、工业化生产水平（图4-2）。

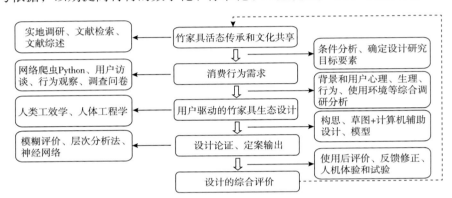

图 4-2　人类工效学解决圆竹家具设计问题的程序与步骤

4.3　圆竹家具的设计要素

圆竹家具制造在我国有着悠久的历史，具有丰富的人文内蕴，然而由于圆竹材料自身的特性，其在造型加工和生产等方面受到限制，因此传统圆竹家具难以适应现代人多样化的审美需求和工业化生产要求。

由于传统圆竹家具使用的竹材没有经过很好的防腐处理，较容易出现虫蛀、开裂甚至腐烂等问题。近些年来，较为成熟的防腐技术、干燥工艺、改性处理技术出现，解决了传统圆竹家具的很多问题，甚至可以进行雕刻和拼花，在造型外观和质量方面完全可以替代现在的实木家具，而且有过之而无不及。

圆竹家具的造型、形态丰富，集合了点、线、面、体等要素，给人们带来了视觉与精神的双重享受。另外，圆竹家具的造型、形态、色彩、装饰和图案等特征也表达了不同民族、环境、时代的艺术形式和人文意识。

4.3.1　设计的造型要素

造型是家具设计的基础。家具的造型由抽象的、概念的形态构成，它和几何学一样，最基本的、可见的形态因素是点、线、面和体。应在研究几何学上点、线、面、体的形成、类型与情感特征的同时，将造型要素与材料、质地和色彩等结合，将这些视觉语言符号具体地体现在家具形体上，其造型特征既受地域因素影响，也受历史因素影响，不能孤立地进行设计，需要进行有机的结合。

4.3.1.1　几何要素

1. 点

"点"是形态构成中最基本的或是最小的单位。在圆竹家具造型设计中，借助点的各种表现特征，加以适当运用，能取得很好的表现效果。在几何学中，"点"本身是不具备体积的抽象概念。而在家具造型中，柜门或屉面上各种不同形状的拉手、销孔、锁型，沙发软垫上的装饰包扣、泡钉，以及家具上的五金件和局部装饰配件等，这种相对于家具整体而言较小的面或体，可以理解为点的形态。这些点在家具造型中的效果往往有画龙点睛的作用，是家具造型中不可多得的具有较好装饰效果的功能附件。

家具中的点会产生一定的情感特征。从本身的形状而言，曲线点形构件（如圆形）饱满充实，富于运动感；而直线点形构件，如方点则表现为沉稳、严谨，具有静止的感觉。从家具中点形构件的排列形式来看，等间隔排列会产生规则、整齐的效果，具有静止的安详感；变距排列（或有规则地变化）则产生动感，显示个性，形成富于变化的画面。在家具造型设计中，借助点的各种表现特征，加以适当运用，能取得很好的表现效果。

2. 线

线决定着家具的造型，不同的线条构成了千变万化的造型式样和风格。优美的线形是构成家具不同风格的一个重要造型要素。作为造型要素的线，在平面上它必须有宽度，在空间中必须有粗细，这样对于视觉才有存在的意义。因此通常把长宽相差悬殊的线称作线，反之则为面。线以长度和方向为主要特征，如果缩短长度或增加宽度，就会失去线的特征，而成为点或面。

线的情感特征主要表现为随线型的长度、粗细、状态和运动位置而异，其可在人们的视觉心理上产生不同的感觉。线富于变化，对动、静形态的表现力最强，直线可以展示静的状态，而曲线善于进行动态表达。线在造型设计中是最富有表现力的要素，比点具有更强的心理效果。

由直线构成的家具，能给人以刚劲、安定、庄严的感觉，体现出"力"的美。而主要由曲线构成的家具，能给人以活泼、流畅、优美的感觉，常体现"动"的美。直线与曲线结合构成的家具，不但具有直线稳重、挺拔的特点，而且能给人以流畅、活泼等曲线的优美感觉，使家具造型具有或方或圆、有柔有刚、形神兼备的特点。一般可以采用直线线材、曲线线材或者两者混合构成家具。完全用线材构成的家具较少，主要是椅凳类、沙发类和搁架类等。

3. 面

　　连点成线，连线成面。圆竹家具的面可以看成是线的延伸，主要有平面和曲面之分，并多为编织面。编织面的韵律是圆竹家具的特色，是其展现艺术魅力的重要手段。面的边形是多种多样的，可以灵活恰当运用，各种不同形状面、不同方向面的组合，可构成不同风格、不同样式的丰富多彩的圆竹家具造型。不同形状的面具有各自截然不同的情感特征。

　　虚怀坐墩获得2015年红星奖原创奖银奖（图4-3），其抽取了中国古代家具坐墩的线条，独具匠心的中空设计既符合竹子本身的生长特点，又给予一种强烈的视觉冲击力，整个侧面的造型流露出自然连贯的感觉。竹子中间打通注入透明树脂，使得整体结构更加稳固，竹材也更易保存，造型上使得坐墩通透，具有厚重感，并具有受力稳定等特点。

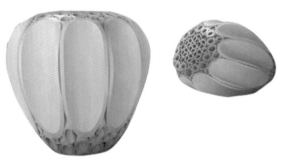

图 4-3　虚怀坐墩（图片来自网易家居网）

4. 体

　　体的虚实之分是产生视觉上体量感的决定性因素，也是丰富家具造型的重要手法之一。在家具形体造型中，实体和虚体给人心理上的感受是不同的。虚体是由面状形线材所围合的虚空间，使人感到通透、轻快、空灵而具透明感；实体是由体块直接构成的实空间，给人以重量、稳固、封闭、围合性强的感受；由实体空间构成的一个整体家具会让人感到非常稳定，有某种壮观的感觉，而由虚体空间构成的家具则会让人感觉到灵巧、轻盈的特点。虚与实手法的运用是家具设计的重点，各部分之间体量虚实对比明朗的家具，会让人感到造型轻快、主次分明、式样突出，有一种亲切感。

　　4.3.1.2　*材料纹理质感*

　　家具的造型设计要使用各种各样的材料，每一种材料都有其特有的材质与情感，这一要素就称为质感。在圆竹家具的美观效果上，质感的处理和运用也是很重要的手段之一。质感是人们触觉和视觉紧密交织在一起而感觉到的。圆竹家具造型设计并不利用装饰设计来掩饰材料，而是注重显示材料的原状。尽可能保持材料本质原状和体现自然美，这种尊重材料原始质感、利用材料天然纹理的手法，已成为现代家具造型设计最基本的手法之一。

1. 竹秆的纹理

竹家具框架所用的竹段通常保留圆竹的风貌，或光滑细腻，或粗糙斑驳，一般不需涂饰即可获得轻快柔和的视觉效果（图4-4）；而打磨后的竹节天然地分布其中，自有一种苍劲的古风，令人感受到古朴劲挺。明清时一些木质桌椅中出现仿竹节腿的造型，正是模仿了竹秆的质感肌理，形成独特的设计语言。

图 4-4　圆竹边几和圆竹座椅

2. 竹篾的纹理

竹篾采用不同的加工形式也会产生不同的质感效果。砍伐的天然圆竹可以加工成扁平、圆形、三角形或其他形状的篾条。其中，圆形、方形、三角形或其他形状的篾条采用提压排列编织方法形成较为粗糙、凹凸感较强的"主体竹篾"，显得笨重、含蓄、温和，用于竹家具中的沙发背侧面、柜面板等；而平面篾条普遍采用相交十字或人字花型，经篾与纬篾交织，得到编织面平整、表面光滑的"平面竹篾"，显得洁净与轻快，多用于与人体关系密切的坐卧类家具面层结构中（图4-5）。

图 4-5　竹篾应用于坐面

3. 材质搭配

圆竹家具可充分利用结构造型，将织物、金属、塑料、玻璃、实木等不同材料进行合理搭配，得到更加丰富的质感体验，不仅能丰富视觉效果，还可赋予圆竹家具别样的神韵，使之为更多人所接受。

4. 天然纹理

竹材的天然纹理特征主要体现在竹秆外壁上，其纹理随竹种的不同而发生变化，有的竹秆表面光滑、节间距离较大（如粉单竹），有的粗糙、节间距离较小（如毛竹），有的竹秆表面素净（如慈竹），有的具有斑点（如湘妃竹），有的具有较大的竹节（如筇竹），但总体看来竹秆的外壁上纹理通直，较为光滑。圆竹在纵切多次后形成竹篾，竹篾通过编织又可形成较多的纹理图案（时迪，2013）。

4.3.1.3　形态特征

经造型设计而形成的形体的形式美主要是靠人们的视觉感受，人们视觉感受到的东西统称为"形"，而形有各种不同的状态。因此，人们视觉所感知的有关形的大小、方圆、曲直、厚薄、宽窄、高低、轻重等要素总的状态，常统称为"形态"。

对于形态，更为完整的说法应是"由材料而决定的式样，由结构而形成的造型"。首先，竹材的可劈可篾、可直可弯、可粗可细，为竹材家具的丰富线型奠定了材料基础；其次，竹材的特殊加工使用性能决定了圆竹家具框架与面层的特殊性，继而决定了其造型的特殊性。这就是说，圆竹家具独具一格的造型主要体现在框架和面层的形态特征上。

1. 框架形态特征

圆竹形成的框架是圆竹家具的灵魂，不仅作为家具的外观造型，还起着导向、受力的作用。因家具体结构的需要，框架形态呈现丰富的变化，这形态既包括框架竹段本身的线型形态，也包括由竹段组合而成的线型形态。

1）线型框架竹段

由于竹段的粗细不等，在竹框架组成中常常搭配使用。框架所用的竹段为圆竹，直径从几毫米至几厘米粗细不等，圆竹家具设计中常利用这些框架线条的粗细、疏密排列而形成变化的视觉效果（图4-6）。

框架的线型富于变化，宜曲宜直。竹材良好的可塑性能，赋予圆竹家具丰富的线型变化，如直线、几何曲线、自然曲线、异形线及各种封闭成形的线脚，可谓宜曲宜直，回环圆满。这些线型在圆竹家具中搭配组合，刚柔相济，挺而不僵，柔而不弱，表现出简练、质朴、典雅之美。

线的构成设计富有韵律：圆竹家具造型以线型为主，框架线构成有序，绝不杂乱，在线型的有机组合中显示圆竹家具的韵味。

图4-6　筇竹花架

2）框架竹段连接的造型

框架竹段节点富有点的构成韵律。圆竹家具框架的接合常采用缠接结合，其接合点裸露，表面留有明显的手工造型痕迹，显示出拙朴的外观品质。

接点端部突出，成为造型一部分：圆竹家具的受力框架常用拱接法结合而成，而一些工艺性较高的制品，框架和花格图案多用棒状对接、丁字接、十字接、"L"字接等。顺应这些结构形式，表现在家具造型中，就出现了许多端部出头的椅子、书架等家具造型（图4-7）。这些造型都是应结构而顺势天成，给人以挺拔向上、古朴的感觉。

图 4-7　书架

竹段接线平滑流畅。接长的线型丝毫没有流露人工加工的痕迹（图4-8），利用竹段的接长很自然地将搭脑、扶手与鹅脖、椅腿接在一起，呈自然的弧度，人性化的理念表现，似乎是顺应肢体的自然演绎。

图 4-8　筇竹椅

2. 面层形态特征

圆竹家具的面层是家具最显露的部分，也是其造型诠释最为丰富的部分。面层取材广泛，一般采取竹片、竹排、藤条、竹篾，也可以采用木板、胶合板、纤维板、塑料板，不同的材料产生不同的结构形式，同时造就不同的面层形态特征。

1）竹条面层

这种面层是由竹排排列构成面，造型简洁而明快，强调线条的规整平衡，体现秩序美、调理美，给人以大方的感觉。

2）竹编面层

这种面层是用藤条、竹篾等线型零件围绕成面，依据框架线的方圆曲直而呈现不同的形态，是圆竹家具中使用非常广泛的面层造型结构，也是精工细作的典范。其图案的穿结与编织，经历了历代能工巧匠的吸收与提炼，逐渐形成了一套线条纤巧有致、构图精巧大方的编织形态。不论在坐卧类家具，还是在储存类家具或是凭倚类家具中其应用都十分广泛。编织的花样很多，如人字花编、十字花编、菱形花编等，既给人以面的严谨，又富有线形的组合变化。

3）胶贴式面层

胶贴式面层是一种把现代工艺充分应用到竹家具中而产生的一种面层，其形态已与木制家具的面层无异，并以纹理清晰及贴面图案的装饰美效果见长。现在运用得较为成熟的有竹青贴面与竹集成材胶合层面（吴智慧，2017）。

4.3.1.4 色彩要素

家具设计运用色彩可以取得赏心悦目的效果。用竹子做出来的家具有着古色古香的味道。古人对竹子的色彩褒奖有加，素有"体坚色净又藏节，尽眼凝滑无瑕疵"的美誉。除了利用竹子本身的色彩，在竹家具制作中还可以通过各种途径使竹材获得新的色彩表现力。

1. 原色

竹材表面通过保青或刮青处理呈现的固有色彩称为竹材的本色。保青是通过化学药品固色使竹材呈现原有的绿色，使人感觉自然清新。竹材表面进行刮青处理，即出现淡黄色的竹肉。竹材的淡黄色就是竹家具初成的主色调，与木本色相类似，淡雅、清新、纯朴。竹材漂白染色可产生所需要的色彩，制成的家具古朴典雅，可增加家具的附加值和艺术感染力。

许多竹家具制成后，受外界自然力及本身竹材化学性能的影响，其竹材会出现从淡黄至金黄，再由金黄至红紫的色彩变化，从而在不经意间使竹家具经历着从明朗到深邃古雅的变迁。

2. 着色

竹材染色、油漆、炭化或经稀硫酸液涂饰再经火烤处理后制作的家具，色调别致，可增加家具的艺术感，适应其使用的空间环境。但无论着什么颜色，都以古朴、典雅为主题。

总之，圆竹家具造型简洁，以线为主，线条挺秀流畅，比例适度，具有素雅清新的自然美。在此，用"十二品"来对竹家具造型特征所形成的装饰神态进行概括：简练、淳朴、古拙、圆润、文倚、研秀、劲挺、柔婉、空灵、玲珑、典雅、清新（吴智慧，2017）。

4.3.2 设计的技术要素

圆竹家具独特的造型及结构设计源自圆竹的自然特性，圆竹可自由弯曲，但因其中空而不宜直接使用榫卯结构，在设计制作时应扬长避短，再结合竹材特有的圆形断面及竹节，从而自然形成了圆竹家具独特的风格。

4.3.2.1 材料

任何一件产品都不可能离开材料而单独存在，材料选择决定着产品的造型和文化的定位。而圆竹材质正好符合现代人的审美需求，给人回归自然的感觉。竹材具有自然的清香和通直的纹理，可以平静躁动的情绪、释放生活的压力，使人身心放松。

4.3.2.2 结构

1. 框架结构

圆竹家具的框架结构形式有弯曲接合和直材接合两大类。其中，竹段弯曲后再与其他圆竹或竹片接合才能组成真正的竹家具框架，这个过程称为"框架竹段的连接"。连接的方法很多，一般常用的有棒状对接、丁字接、十字接、"L"字接、并接、嵌接、缠接等。同时要使用圆木芯、竹钉、铁钉、胶合剂等辅助材料才能取得良好的效果。

2. 板状部件结构

竹家具的板件是充分显露竹材外观特征的部件，在使用中和装饰上都很重要，因此必须精心加工才能达到设计的要求。板状部件有很多，常用的有竹片板、竹排板、圆竹片竹帘板、麻将席板、编结板和胶合板。

3. 装配结构

把加工好的零部件，按照设计要求组合成一个完整竹家具的过程，称为装配。它是竹家具制作的最后阶段，竹家具装配有部件装配和总装配之分，但其装配结构特征大致相同。

4.3.2.3　工艺

传统圆竹家具的加工过程可以具体分为原材料加工、骨架制作、面层制作、装配成型4个步骤。其中原材料加工包括竹材的截取和脱油、矫正处理;骨架制作是按照家具所需部件对竹材进行热弯、切削等加工;面层即家具面板;最后再进行装配。由于竹材的直径尺寸不一,结构有所局限,大部分加工方式依赖于人工操作。

传统竹家具以圆竹家具为主,其包接结构根据竹材特性而产生,形成虚实结合、直曲结合的变化美感。圆竹粗细不一,因此在制作过程中对手工要求较高,无法实现批量化生产,而且制作出的传统竹家具稳固性低,外观较粗糙,给人以低廉的感觉。近年来,竹材加工技术已经有极大发展,新型的竹材应用层出不穷,使得竹材的加工利用可以实现机械化、自动化,让竹材得到了更加广泛的利用。

4.3.3　设计的功能要素

任何一件家具的存在都有特定的功能要求,即所谓的使用功能。使用功能是家具的灵魂和生命,它是进行家具造型设计的前提。家具的功能包含两个方面的内容:一是满足人们日常活动与生活中的使用要求,满足人们生理方面的需求;二是美化环境、创造优美空间,用来满足人们的心理需求。

4.3.3.1　生理功能

能满足人们坐、卧、躺、倚生理需求的要素包括三个方面的内容,一是制作家具所选用的主要材料;二是构成家具的主要结构与构造;三是对这些材料与结构进行加工的工艺。这些是形成家具的物质技术基础。

4.3.3.2　心理功能

当人们的生活水平达到一定的层次之后,必然产生对设计的精神文化需求,文化内涵将赋予设计以鲜活的生命气息,设计有了生命,设计作品便有了与使用者交流、互动的功能,这样的作品相比于只具备使用功能的作品就又上了一个档次。随着生活水平的提高,好的家具需要具备高情感因素,满足人们心理层面的需求。因此,在具体设计实践中必须认真研究使用者的偏好和文化取向,更加注重用户的情感体验,才能做到有针对性地进行设计。

4.4　圆竹家具的设计方法

4.4.1　造型艺术

家具是工具，也是艺术品，具有吸引人的造型可以提升圆竹家具在当今家具行业内的竞争力。家具的造型能给人最直观的感受，相比塑料、金属、玻璃等其他工业化材料而言，圆竹有其独特的美，在颜色、质感上都能给人不同的感受。圆竹家具取材自然，造型古朴，大多颇具东方韵味，综合来看，家具的设计都需要遵循一定的设计法则。

4.4.1.1　变化与统一

变化与统一是自然界客观存在的一个普遍规律，也是适用于产品设计的一个普遍法则。如果说变化是形成对比，那么统一就是寻找规律。圆竹家具的造型设计不是竹的简单排列，而是家具造型的整体和局部需要有关联，连接构件和细部装饰需要相呼应，在整体协调统一的基础上，还要考虑纹理、颜色、形状的变化，世界上没有完全一样的两个竹节，因此也不会有完全一样的两件圆竹家具，这也是圆竹家具不同于其他工业产品的一大优势。灵活地运用变化与统一的审美法则，可以使家具的造型更加优美。

4.4.1.2　均衡与稳定

均衡与稳定是实现家具从图纸变成实物的前提，只有正确处理家具各部分之间的体量关系，最终的家具造型才能达到均衡不失轻巧、平衡不失生动的境界。自然界静止的物体都遵循力学原理，人们也多希望从静物中寻求平静安定的心理感受。一些材料可以巧妙地利用均衡与稳定的原理打造出惊险而又充满乐趣的造型，圆竹家具也可以尝试突破固有造型，重新思考造型设计，也是对平衡传统工艺与现代技术的重新认识。

现代圆竹家具的外观设计应注重本身结构造型美感，以及与环境和人的协调。造型上强调简单的几何形，以基础的点、线、面构成，关注线条、比例等要素，局部和整体的比例关系应当遵循一定的规律，以使得局部和整体具有恰当且舒适的视觉与使用体验。圆竹材料本身的竹节具有韵律美，通过恰当的排列和位置安排可以在统一中产生有韵律的变化，使家具简洁但有趣耐看（姚利宏等，2018）。

4.4.2　装饰手法

圆竹家具均可以看到竹材原形，竹节、竹纹本身就是最好的装饰。除了支撑结构的部分，其他部位可以通过竹材的粗细、长短做一些造型变换，起到装饰的作用。圆竹家具中常见的装饰手法有线型、花格、牙子等。

4.4.2.1　线型装饰

线型装饰是竹制家具最简单的一种装饰形式，有直线、曲线之分，直线排列给人整齐大气的感受，而曲线则更加柔美、富有变化。

图4-9是一套筇竹系列家具，包括桌、凳、椅、屏风、置物架，线条简洁明快，桌子腿部有一个大弧线，给整套家具增添了灵性。此外，颜色的搭配也恰到好处，冷暖交汇，营造了惬意的茗茶空间氛围。

图 4-9　筇竹家具

4.4.2.2　花格装饰

花格是竹制家具中富有民族风格的一种装饰形式，样式繁多，常见的有万字花格、扇形花格、寿字圈和冰裂纹等，除了有装饰美观的作用以外，在某些部位还可以起到加固的作用。

如图4-10所示，供桌搭配使用了粗细圆竹，粗者承重，细者装饰，可谓各司其职。桌面下方形成整齐美观又通透轻盈的方格，配有灯笼锦图案，增添了几分韵味。

图 4-10　供桌

4.4.2.3　牙子装饰

牙子一般指家具面框下设置的连接两腿的部件，有雕饰的牙子称花牙子。牙子既起到连接结构的作用，又兼备装饰效果，有时也是家具设计的亮点。

图4-11和图4-12中方八仙桌、方八仙凳的装饰牙子为拐子纹，图4-13和图4-14中花架与单人竹榻的装饰牙子为植物卷草纹。

图 4-11　方八仙桌

图 4-12　方八仙凳

图 4-13　花架

图 4-14　单人竹榻

4.5　圆竹家具的设计案例分析

利用我国竹藤资源丰富的优势，把新的理念与中华民族传统文化结合起来设计极富东方古典特色的家具，或者通过现代设计方法设计充满时代气息的家具，会有较大的市场前景。目前市面上已有的圆竹家具设计案例，采用了新中式家具的设计理念，并结合现代设计的方法，为圆竹家具的设计创新提供了参考思路。

4.5.1　桌

桌子是一种最常见的家具，上有平面，下有支柱，可以用于工作、学习、吃饭甚至是小憩。根据使用功能可以分为书桌、炕桌、茶几等。

如图4-15所示，上卷桌柜体上小下大，模仿建筑中的侧脚与收分，形态小巧可爱；通过圆竹层层向上累叠形成上翘的桌角，加上简单的方形牙子，使整个造型达到平衡；除了圆竹框架，其他部位为编织的嵌板，颜色搭配自然协调。下卷桌（图4-16）只有简单的圆竹框架，桌面两端下垂，直径大的圆竹作为支撑结构，直径小的部分作为装饰，增加了灵动性。

图 4-15　上卷桌　　　　　　　　　　　　图 4-16　下卷桌

炕桌在北方较常见，和普通桌子形状相似，高度略低，是放在炕、榻和床上使用的矮桌。小炕桌（图4-17）造型小巧古朴，桌面是编织嵌板，细部也有竹皮编织装饰作为呼应；炕桌下方留出20～30cm的空间，可以放置物品。

图 4-17　小炕桌

茶几形态矮小，高一点的可称为茶桌。茶几在清代以后才盛行开来，最初用作香几，往往放置于一对扶手椅之间，成套摆放在厅堂两侧，现代的茶几一般陈设在客厅中心。圆竹茶几通常简洁大方，造型独特，如图4-18中唐式茶几左右起支撑作用的面板上留出两个圆洞，体现了外方内圆；图4-19中宋式茶桌的腿足支撑部分造型现代，令人眼前一亮。

图 4-18　唐式茶几

图 4-19　宋式茶桌

4.5.2　柜

圆竹博古架上方分割自然，下方有一对小柜门和一个小抽屉，加上金属装饰贴面，整体造型简单大方（图4-20）。三屉柜由圆竹框架和编织嵌板组成，竹节的凸起对称排布，成为最自然的装饰，抽屉拉手和柜门拉环的金属色与圆竹色调也很匹配（图4-21）。

图 4-20　博古架

图 4-21　三屉柜

4.5.3　椅

茶椅造型敦厚朴实，宽大的座面加上编织的座面嵌板，给人以舒适惬意之感（图4-22）。明式太师椅有着典型的明式家具造型风格，上窄下宽的样式给人以稳定感，竹节节点把线条自然分割成几段,让明式家具的经典款别具风味(图4-23)。主泡椅的亮点在于左右两侧和前面的罗锅枨，也是对经典造型的致敬，同时这件家具体现出了竹材不是只有横竖相接的造型，它也可以自由变换出灵动的造型(图4-24)。图4-25中现代竹椅来自南美哥伦比亚的Zuarq建筑公司，使用竹筒拼排、等距排列，工整疏朗、富有节，在装饰和实用上都有突出的表现；一根根竹筒的排列和空灵圆浑的骨架，形成了疏密、横竖、点线面之间的对比与协调，是非常有视觉冲击力的一款设计。

图 4-22　茶椅

图 4-23　明式太师椅

图 4-24　主泡椅

图 4-25　现代竹椅

　　竹子的高韧性可以实现高挑纤细的造型,正如图4-26所示,纤细的骨架可以承受很大的压力,造型也比较多变,甚至可以实现模块的拼接。竹制家具外观颜色接近木色,不仔细观察会误认为是实木家具,其各方面性能也是完全可以和实木家具相媲美的。

图 4-26　竹制家具

4.5.4　床、榻

竹床的特点是轻便舒适、色彩雅致、造型独特，有一种纯朴自然的美感。竹床冬暖夏凉，对人体健康十分有益。在继承传统技艺的基础上，现代竹床工艺不断创新，不但显示了竹材的质地美，在设计形式上也可满足人体的使用需求。在制作中为防止竹床骨架的变形，在骨架的空隙处，利用方圆、曲直、长短、高低、宽窄、虚实等相互之间的关系，镶接斗拼上各种竹节图案，还有贴面、拼花、雕刻、绘画、喷漆等工艺，都给现代竹床（榻）增添了艺术美感（图4-27）。

图 4-27　竹榻

竹子在高贵中透出淡雅温馨，糅合了时代气韵与自然朴实之风格，已经成为一种高档的时尚消费品。圆竹家具采用的是天然竹子，绿色环保，被推崇环保的人们视为时尚家具的新选择。随着人们对环境的重视，返璞归真、回归自然意识的增强，以及圆竹家具设计加工水平的提高，一些精品家具给人耳目一新的感觉，粗陋、笨拙、寿命短、档次低的传统印象已跟它们无缘，传统的竹家具已经走出竹区、走出农村，走向都市，登上大雅之堂。

第五章　圆竹家具构件

　　由家具零件组装成的独立装配件称为部件，相应的图纸为家具部件图，也称组件图。它是一种介于家具结构装配图与家具零件图之间的图样，它用于指导由几个零件装配成家具的一个部件，如支撑类的框架构件、底架、扶手、靠背和辅助构件等。在生产中常常直接用家具部件图代替家具零件图来加工零件和装配部件，如图5-1所示。圆竹家具最早出现于我国唐宋时期，以书桌、椅凳类家具为主，广泛流行于民间（贺瑞林，2016）。同时，受我国竹文化的影响，圆竹家具被赋予了丰富的人文精神内涵。依据家具的结构形式，传统圆竹家具结构可分为框架结构、板件结构和装配结构；其部件类型有杆状零部件和板形零部件，其中杆状零部件又包括直线形杆和弯曲形杆，板形零部件主要有竹条板、活动圆竹秆连接板、固定圆竹秆连接板、固定块竹篾面板、竹排板、麻将席板、编织板、竹集成材板和竹黄板等。

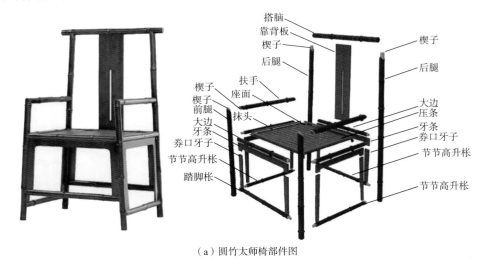

（a）圆竹太师椅部件图

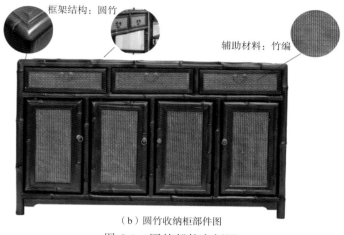

框架结构：圆竹

辅助材料：竹编

（b）圆竹收纳柜部件图

图 5-1　圆竹部件实例图

5.1　支撑类构件

支撑类构件也是结构构件，主要是指框式家具中框架等主要结构零部件和腿、脚、边框等起支撑或承重作用的构件，一般用于制作椅子、凳子、床和书架、花架等，根据用途可分为倚凭类、储存类、装饰类，支撑类圆竹家具的产量和品种均具首位。

5.1.1　杆状零部件

圆竹家具的结构构件主要以平直的竹秆形式（图5-2）或经折叠加工形成的弯曲形式（图5-3）出现。形圆而中空有节的杆状零部件是圆竹家具最主要的组成部分。通常截取竹秆的一截作为竹家具的用材，截取的这段竹秆也称为竹段（陈哲，2005）。

图 5-2　直线形支撑类圆竹家具

图 5-3　弯曲形支撑类圆竹家具

竹秆材的选用，主要考虑部位、竹径、竹形、竹节疏密等因素。一般来说，位于竹根部的竹材整材强度较高，但竹节分布较密。圆竹直径越大，其整竹的机械强度越高。但由于竹材是中空结构，一般来说，和木材同样直径大小的竹材比木材的机械强度要小，因此需充分考虑构件的受力状况，从而选择直径大小合适的竹材。竹形是指竹材是否通直和圆润。用作圆竹家具的竹段均要求通直、圆润。对于曲率半径较大的弯形（俗称"大弯"）可通过适当的工艺将其"理直"。竹节疏密是指竹节分布是否均匀。用于制作竹家具时对竹节的疏密无特殊要求，主要是考虑美观因素。一般来说，竹节分布较密的竹材，其机械强度较高。将竹秆材作为家用材，加工过程简单，材料利用率高，更为重要的是保留了竹材的外观特征。竹材特殊的节棱使得竹家具具有非常典型的装饰效果。杆状零部件通过榫接、包接等连接方式组成了竹家具的框架。根据竹秆材的外观形态，杆状零部件有直线形和弯曲形之分（陈哲，2005）。

5.1.1.1　直线形杆状零件

直线形杆状零件指经校直或本身直线度极佳而不需校直的直线零件（图5-4）（陈哲，2005）。图5-4的博古架和花架均由直线形圆竹竹段构成。直线形杆状零件主要作为支撑类圆竹家具的构件，如图5-4所示，书架和博古架的框架与横撑都为直线形红竹杆状构件，而花架和脚架支撑类的腿都为经过调直的直线形筇竹杆状构件。

（a）红竹博古架　　　　　　　（b）筇竹花架

（c）红竹带柜书架　　　　　　（d）筇竹脚架

图 5-4　直线形杆状圆竹家具

5.1.1.2　弯曲形杆状零件

根据零件的加工方式，又可以将弯曲形杆状零件分为直接加热弯曲零件和开凹槽弯曲零件两种类型（陈哲，2005），如图5-5和图5-6所示家具所用零件。弯曲形圆竹构件一般为椅子的靠背和扶手（图5-5a）、鼓凳的腿（图5-5b）、拱形门（图5-6）等。

（a）红竹椅子（弯曲靠背和扶手） （b）红竹鼓凳

图 5-5　弯曲形杆状零件家具

图 5-6　长茶海（红竹弯曲拱形门）

1）直接加热弯曲零件

直接加热弯曲零件指校直后的竹秆经直接加热弯曲而成的零件（图5-7）。采用直接加热法加工快捷、省时、省力，既可保持竹材的天然美，又能保持竹材的强度基本不变，所以竹家具框架多采用这种形式，特别适用于小径竹材的加

（a）圆竹扶手座椅 （b）圆竹儿童座椅

图 5-7　直接加热弯曲零件家具

工，但不宜用于大径竹材的弯曲加工，且容易烧坏竹秆秆皮，影响美观（陈哲，2005）。

加热的方法有多种，常用的是火烧加热法，为了避免竹秆秆皮烧黑损坏，一般不用有黑烟的燃料，多用炭火。温度一般控制在120℃左右，当秆皮上烤出发亮的水珠（俗称竹油）时，再缓缓用力，将竹子弯曲成要求的曲度，然后用冷水或冷湿布擦弯曲部位促使其降温定型。还可采用水蒸气加热，先把竹子放入热容器中的机械模具中，再通入水蒸气，使机械模具在高温下把竹秆慢慢弯曲成预先设定的弧度，然后冷却成型（陈哲，2005）。

为了减少弯曲过程中竹秆因应力变化而发生破裂或变扁的情况，可先打通竹秆内部的节隔，装进热砂，将竹子缓缓弯曲成要求的曲度，再冷却定型后倒出热砂（陈哲，2005）。

2）开凹槽弯曲零件

开凹槽弯曲零件指先在校直的竹秆上按要求锯出横向的"V"形槽口，再加热弯曲而成的零件（图5-8），这种工艺也称为骗竹工艺（陈哲，2005）。

（a）开凹槽弯曲椅子扶手　　　　（b）开凹槽弯曲桌子撑

图 5-8　开凹槽弯曲零件

开凹槽弯曲法多用于竹家具框架脚腿的弯曲和水平框架的弯曲，加工过程相对复杂，而且在一定程度上影响竹秆的受力强度，多适用于大径竹材的弯曲。取一段待弯曲的竹秆，根据不同的弯曲要求，计算出待开凹槽的尺寸，划线定位，铣出凹槽，槽内要求平整，并削去内部竹黄。将凹槽部位加热弯曲，把预制的竹秆或圆木棒填入凹槽夹紧冷却成型。若对水平构件进行弯曲，要注意所有凹槽口都应在节间位置上，并保持在一条纵线上，不得左右交错歪斜，否则将无法装配，或者使产品变形开裂，影响质量（陈哲，2005）。

5.1.2　支撑类构件加工工艺及设备

工艺流程：原料→选料→水热处理及药剂处理→通竹隔→灌砂→竹秆校直→下料。

1. 支撑类构件加工工艺

1）原料

主要为竹秆，表面无洞眼、疤痕。

2）选料

按设计要求选择竹材的规格与材质，如竹龄、秆径、节间长、壁厚、表面质量等。

3）水热处理及药剂处理

在蒸煮池进行的水热处理能提高竹秆含水率，减少竹秆的抽提物，并能利用高温杀虫、杀菌。在水热处理的同时进行药剂处理，常用的杀虫灭菌药剂有虫霉灵等。

4）通竹隔

用钢钎将竹秆的竹隔全部打通，以便向竹腔灌入干砂，同时使竹腔内外的气压平衡，避免在竹秆加热时封闭在竹腔内的空气因受热膨胀而导致竹壁爆裂。

5）灌砂

为了提高竹秆校直或弯曲时竹秆横截面的圆度，灌好砂的竹秆两端用纸或布堵好，以免干砂流失。

6）竹秆校直

将直线度不佳的竹秆加热校直，提高产品外观和装配质量。为保证加工质量，要求竹秆不能有裂纹，且竹秆的含水率要在30%左右，对于含水率太低的原料，要进行增湿处理。校直前，先确定加热点的正向、背向和侧向，校直时，先从竹秆的基部正向开始，正向校直后再校直背向，最后是侧向的校直。校直某弯曲部位时，先校直节间弯点，后校直竹节弯点。烘烤时，当温度达到120℃左右，竹秆表面渗出发亮的水珠——竹油时，再缓缓用力，将竹秆校直，竹秆校直后要将干砂倒出。

7）下料

按设计横截成一定规格的毛料。下料时，对箍头和横向锯口——弯曲零件进行测量并避免锯口与剜口在竹节上，如不能避开，就要打上记号，在后续加工时尽量保留该竹节（即不车节）。对弯曲零件，要定好弯曲零件的弯曲点，再根据弯曲点下料：要留合理的加工余量并合理配料，以节约原料（吴智慧，2017）。

2. 加工设备

下料：用吊截锯或万能锯将竹材横截成一定长度的竹段。合理下料可提高原料利用率。

内外径规整：在车床上将竹秆车削成外径径级、圆度、直线度均符合要求的工件，再以外径为基准，按要求规整内径的深度、直径。

其他机加工：包括铣床加工竹秆的相贯线、钻床加工竹秆的定位孔和装配孔等（陈哲，2005）。

5.2　板　面　构　件

竹家具的板面构件是充分显露竹材外观特征的部件，在家具使用上和装饰上都很重要。家具面板材料主要用于桌柜面、椅凳面、靠背等较大面积板材区，传统竹家具中常使用的面板材料有竹片板、竹排板、竹丝竹帘板、麻将席板、编结板等（陈哲，2005），而现在生产圆竹家具主要使用的面板材料有竹胶板、重组竹板。对于面板的加工主要有雕刻和贴面两种。雕刻即用数控机床或激光雕刻机在面板上或圆竹秆上雕刻花纹图案、几何形状等，雕刻时在基面上划一条基准线，将需要雕刻的材料靠基准线放置于铣刀下，用热熔胶固定，待图案和软件调试成功后即可雕刻。贴面是在竹板材上贴竹编材或竹帘材以达到装饰效果，将板材与贴面材料锯切成需要的形状，在板材上单面施胶，将贴面材料铺装在板材上，需注意铺装时应边界整齐，然后利用气动压机将贴面材料压制在板材上（夏雨，2017）。

5.2.1　竹条板面板

竹条板面板由一根根径级较小的圆竹或竹条平行相搭组成，它是竹家具中最为常见且简单的板件（图5-9）。

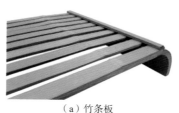

（a）竹条板　　　　　　（b）竹条板面板椅子

图 5-9　竹板条实例

竹条板面板的制作：在竹家具框架相对应的两边打上相对应的孔洞（榫眼），在竹条上制作榫头，然后涂胶组合即成。常见的榫接合方式有月榫接合、方榫接合、双月榫接合、半圆榫接合、尖头榫接合等，接合处通常都要用竹销钉加固，如果竹条过长，常在竹条下面做横衬，在横衬和笔条上打孔，用螺钉、铁钉等五金件将竹条固定在横衬上，或用藤条、塑料带等条状物将竹条缠接在横衬上

（图5-10）（吴智慧，2017；陈哲，2005）。

　　（a）竹条板面板儿童椅　　　　　　（b）竹条板面板台案

图 5-10　竹条板面板

5.2.2　活动圆竹秆连接板

　　活动圆竹秆连接板多用于活动竹躺椅和折叠椅的椅面板件。先按设计的尺寸制成大小相同的竹条，再把竹条横向排列，统一划线、打孔，最后用金属丝或尼龙绳把它们串联起来，作为家具的面板，如图5-11所示（吴智慧，2017）。

图 5-11　活动圆竹秆连接板

5.2.3　固定圆竹秆连接板

　　这类板件可用作一般的搁板和椅类的座板、靠背板与竹条席子等，如图5-12所示。圆竹秆连接板的竹秆直径以6mm左右为宜，它可以充分利用小径竹材，并且受力性能比较好（吴智慧，2017）。

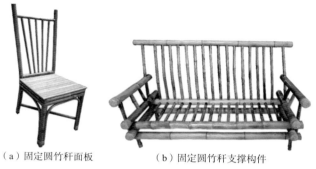

（a）固定圆竹秆面板　　　　　　　（b）固定圆竹秆支撑构件

图 5-12　固定圆竹秆连接板

5.2.4　固定块竹篾面板

固定块竹篾面板用料一般选用直径在80mm以上、厚度在5mm以上的厚壁大径竹材，将它们劈成端面为矩形的竹块，也可利用一些加工余料，把所选材料接合面的竹节削平并横向排好，用直尺压住在其背面划上"W"形线，沿划线方向钻孔，用铁丝或尼龙绳等把它们穿结起来，一般用作家具的面板构件，如图5-13所示（吴智慧，2017）。

（a）竹篾板椅子靠背　　　　　　　（b）竹篾板椅子面板

图 5-13　固定块竹篾面板

5.2.5　竹排板

竹排板是大型竹桌、竹床及普通竹家具最常用的板件，如图5-14所示。一般选用直径较大、竹壁较厚的毛竹、龙竹、刚竹等为原料，把它们截成所需要的长度后纵劈成两半，除去竹隔，车平竹节，再对竹秆进行纵向劈裂，但要保证被细劈后的小竹条在端部处于不完全分离的相连状态，形成小"竹排"料，如图5-14a所示；载荷大的竹排板需用横衬（也称承挽）支撑，也可用横穿销加固，如图5-14b所示。横穿销的加工方法如下：用数块竹排料并连成竹排板件，然后在竹排板件的背面即竹黄部分避开竹隔横向划线，再依线锯入1/2左右深度的锯口，从锯口开始向一个方向纵劈50cm左右，在劈口处嵌入一条5cm厚、平直木方即横穿销进行连接。横穿销的数量可根据竹排的长度来定，短的穿2条即可，方桌面板一般穿3或4条，竹床面板长，且载荷大，通常穿7或8条（吴智慧，2017）。

（a）太师椅竹排板座椅面板　　　　　　　（b）1/4圆竹片竹排板面板

图 5-14　竹排板

5.2.6　麻将席板

最常见的麻将席板是近几年兴起的麻将块沙发垫、麻将块席子等，如图5-15所示。特点是其在纵向和横向上都可以随被垫物形状变化而变化。加工过程是选用大径、厚壁竹材劈成宽约20mm的竹条，再将其截为长度为35mm的竹块，砂去四边棱角，然后在竹块上沿中心线部位穿十字孔，用有弹性和韧性的绳子把它们逐个穿结起来。大面积的板件四周还常围有软边（吴智慧，2017）。

图 5-15　麻将席板

5.2.7　编织板

编织板为在家具框架上用藤条、竹篾、尼龙绳等编结而成的板件，如图5-16所示。一些圆竹家具的座面、靠背常采用这种板件。编织板的图案非常丰富，如四方眼、十字花、人字孔、文字编等。面板经竹篾、藤条等在框架面层经纬方向上排列穿结而成，编织物与框架的连接方法有很多种，常用的有三种：最简单的是直接把藤条等编结物编结在框架上；第二种是穿孔编结面层，在框架上打孔，将编结物穿过孔洞进行编制，此种编结面稳定，不易变形，强度大；如果编结图案复杂，或者在造型上要求高，要采用压条编结法，取一细竹条与框架平行放置，用编结物把它与框架固定，再将编结物编结于其上（吴智慧，2017）。

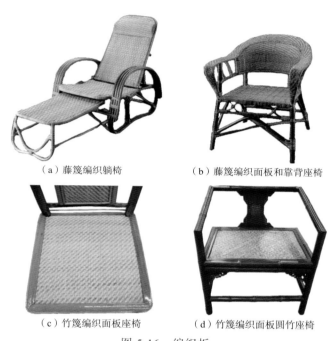

（a）藤篾编织躺椅　　　　　　　　　（b）藤篾编织面板和靠背座椅

（c）竹篾编织面板座椅　　　　　　　（d）竹篾编织面板圆竹座椅

图 5-16　编织板

5.2.8　板面构件的加工工艺及设备

1. 板面构件加工工艺

1）原料准备

生产竹篾集成胶合板应选用竹龄3年以上、竹秆弯曲程度较小、竹秆胸径15cm左右的毛竹，以保证剖篾质量和较高的竹材出材率，篾片是制作板面构件的主要原料，对篾片加工工艺质量要求是较严格的。

2）篾片长度、厚度

根据板面构件的产品结构特性，生产不同长度的篾片，原料应有较大的比表面积，以保证良好的胶合性能。如篾片较厚，则其比表面积较小，且在相同的条件下，厚篾片的刚性大，弹性恢复能力强。

3）篾片质量

要求篾片表面平整光滑，同时在贮存过程中应重点控制篾片的含水率和通风条件，防止篾片霉变。

4）篾片加工

篾片的加工需要多道工序，需要配备截断锯、剖竹机、去内节机及剖篾机等设备。

5）篾片干燥

加工好的篾片经干燥后才能进仓储存。因为篾片在储存过程中极易霉变，尤其含水率较高时更是如此。根据竹材特性，生产工艺要求篾片的含水率达到10%～12%。含水率过低会降低干燥效率，增加能耗及制造成本。

干燥方法主要有以下几种。

自然干燥：此法比较简单，只需将篾片铺在一块平整的场地上晾晒。干后的篾片含水率较均匀，干燥成本较低，但需要较大的场地，阴雨天不能进行，故生产率较低，劳动强度较大。

干燥窑干燥：建一座简易的干燥窑，窑内四周及中央安装散热器，并安装配套的风机使窑内空气可定时定向流动。将篾片扎成小捆，悬挂在窑内安装的挂钩上进行干燥。通常干燥窑内的温度控制在110℃。此方法能耗较大，篾片干燥后含水率不均匀，且生产率不高，常将其与自然干燥法配合使用，以保证在阴雨天也可进行干燥。

连续机械法干燥：用特制的连续式干燥机完成干燥。干燥时将篾片扎成小捆，放置在机内的支架上，机内温度可达145～160℃，故生产效率较高，干燥后含水率也较均匀，但设备投资较大，此法在目前生产中尚未使用。

6）含水率测定

重量法：将经干燥的篾片称重后送入烘箱烘至绝干再称重，用两次称重的重量差求得篾片的绝对含水率。此法简单可靠，但测试周期长。

电阻测湿法：利用含水率测定仪进行测试。含水率测定仪测定范围通常为8%～30%，此法简单、快速，可在较短的时间内测得较多的数据，目前在生产中广泛使用。

7）涂胶

常用的胶黏剂种类有脲醛树脂胶、水溶性酚醛树脂胶、醇水混合酚醛树脂胶等。

8）组坯

根据不同的面板结构，按照规定的要求组坯成不同的面板。

2. 加工设备

截断锯：主要用来按工艺要求将毛竹截成一定长度的竹段。对弯曲程度较大的毛竹应合理下锯，截成较短的竹段，以保证加工竹篾的质量及较高的竹材出材率。

去内节机：主要用来将剖开后竹片上的内节除去，以利于剖篾加工，并保证竹篾的加工质量。

剖竹机：主要用来将毛竹剖成工艺要求宽度的竹片，通常将其剖成8～16片。

剖篾机：是生产板面构件的重要设备。它的主要作用是将一定宽度的竹片剖成一定厚度的篾片。剖篾机主要有单刀剖篾机、多刀剖篾机及定厚剖篾机。

单刀剖篾机：主要由机架、进给部分、切削部分组成。随着进料辊的转动，竹片被送到切削刀具上进行切削，加工好的篾片随之被送出剖篾机。

多刀剖篾机：结构及工作原理与单刀剖篾机基本相同，不同的是它的切削部分是由一组刀片构成，并装有固定的调刀机构，以调整各刀片的间距。它具有较强的加工适应能力及较高的工作效率。

定厚剖篾机：是在单刀剖篾机后加一套带式砂光设施，可得到一定厚度的篾片，适合生产高品质竹席及竹工艺品。

5.3　其他圆竹家具构件

5.3.1　竹集成材板

竹集成材是一种新型的竹质人造板，它是将原料竹材加工成一定规格的矩形竹片，经三防（防腐、防霉和防蛀）、干燥、涂胶等工艺处理后进行组坯胶合而成的竹质板方材，如图5-17所示。竹材具有特殊的颜色和结构，所以胶合而成的竹集成材面板具有特殊的纹理。竹集成材的胶合方式分平压和侧压两种：平压是指将每个竹条的径面涂胶，然后加压胶合，面板表面可见的是竹材的弦面，保留竹节的天然纹理，由于竹材弦面较宽，因此竹节纹理清晰可见；侧压是将每个竹条的弦面涂胶，然后加压胶合，面板表面可见的是竹条的径面，由于竹材径面厚度有限，要达同等宽度需要竹条数量较多，面板显示的是径向的竹节纹理，

（a）竹集成材沙发和茶几　　　　（b）竹集成材餐桌椅

图 5-17　竹集成材家具

所以面板纹理细密。平压竹集成板材常用于桌面、柜门等部位，纹理清晰大方，充分表现了竹集成材的外观特点。竹集成方材常采用侧压方式加工，用于椅腿、桌腿等外观纹理要求不高的部位（李军伟，2011；吴智慧，2017）。

　　竹集成材常见的颜色有本色和炭化色两种，本色是指竹集成材保持竹材竹肉部分天然的浅黄颜色；炭化色是指采用高温、高压饱和蒸汽处理技术使竹片炭化后，竹材呈现的浅咖啡颜色。本色自然亲切，但是竹材材性和颜色经长时间使用后易改变；经炭化处理的竹材色彩稳重、深沉，材性稳定且表面硬度略高。竹集成材家具为保持其天然材质一般采用透明清漆涂饰（李军伟，2011）。首先，由于竹集成材经由竹条在横向上加宽、纵向上加长，且厚度可胶合，常规尺寸为长2.5m、宽1.25m，因此竹集成材具有幅面大、变形小、尺寸稳定、强度大、刚性强、耐磨损的特点；其次，竹集成材具有一定的防腐性能，在一定程度上改善了竹材材性的局限性；再次，竹集成材可进行各种涂装处理，如覆盖油漆、打木蜡油等，以满足不同的使用需求。最后，竹集成材可利用刨削、镂铣、开榫、钻孔、弯曲等加工方式来制作家具产品（李祥仁，2012）。

　　竹集成材家具按结构类型主要分为板式家具和框式家具两类。竹集成材色泽淡雅、自然，具有东方古典的文化韵味。而框式家具造型又有仿古（仿明清家具）家具和现代家具之分，家具种类多为餐桌椅、休闲椅及衣柜等。仿古家具多为深色，即常用炭化集成材（陈哲，2005）。

　　竹集成材板式家具的基本结构和木质板式家具非常相似，均是采用部件加"接口"的结构形式。由于竹材微观的结构单元（即竹片的维管束）只有一个排列方向——顺纹排列（纤维丝倾角与纵向大约为0°），因此竹集成材的纵向或横向握钉力均较小（和木质材料比较），所以在进行竹集成材板式家具结构设计时，必须设计和制造竹集成材板式家具专用的连接件，以提高竹集成材的握钉力，保证竹集成材板式家具的结构强度。同时由于竹集成材的弹性变形较小，为了使竹集成材板式家具零部件的装配更紧密，竹集成材板式家具专用连接件必须有自锁功能。2000年以来，国内竹材加工机械得到了一定的发展，在传统竹材加工方式工业化的基础上，竹集成材家具的加工工艺发展起来，基于地板类板材生产技术，借鉴木集成材的层积和拼宽胶合工艺，最终形成竹集成材独特的家具生产工艺。竹集成材板式家具的生产工艺核心是实现部件标准化的加工。竹集成材板式家具的生产工艺内容和木质人造板板式家具的基本相同，但工艺要求有所不同（陈哲，2005）。

　　新型竹集成材家具分为3种类型：一是以榫接合为主的传统家具，造型和结构类似于传统的硬木家具。二是现代板式结构的竹集成材板式家具，可实现标准型部件化的加工。竹材有着良好的刚性，因此新型竹集成材板式家具在整体造型上更为轻巧、简洁、明快，如图5-17所示。三是造型优美的竹集成材弯曲家具，主要发挥竹材纵向柔韧性较好的优势。新型竹集成材家具整体设计上崇尚家具天然、朴素、环保的特质（林乙煌等，2009）；追求功能的多元化，以最大限度地满足人们的舒适需求，通过材料的选择和丰富的色彩变化，使其在风格上多样化，满足不同层次消费者的需求。

1. 竹集成材的加工工艺流程

工艺流程：原料→截断→开片（竹段纵剖）→粗刨（去节、去隔、去青去黄）→精加工（竹条定厚加工）→炭化/脱脂处理（蒸煮、漂白）→干燥→精刨→分选→涂胶→组坯→热压成型→锯边→砂光→板方材加工（接长、拼宽、锯裁、刨削）→零部件加工（接长、拼宽、锯裁、刨削、开槽、钻孔、砂光、铣型）→表面涂饰→零部件装配→竹集成材家具产品（李军伟，2011）。

2. 竹集成材的加工工艺

竹集成材的生产采用新鲜竹为原料，经断料、开片、打节定厚、防蛀防霉、干燥、炭化、精刨、品管分组、胶拼单板、单板养生、施胶复合、清边平整后制成可用作制造各种高档家具、门窗、地板或工艺品的大块方料，方料外形尺寸可达220mm×1100mm×2200mm。

备料：选用一定竹龄的新鲜毛竹。

断料：将竹材按生产所需长度断成竹筒。

开片：将竹筒按工艺要求的宽度用开片锯顺竹纤维锯开，得到平行度较高的竹胚条。

打节定厚：用打节定厚机将竹胚条加工成厚度相同的竹胚条。

防蛀防霉：将竹胚条浸泡在加有防蛀、防霉剂的药液中沸煮2～3h，如要漂白，则可在药液中加入漂白剂。

干燥：将经上述处理后的竹胚条置于干燥室中进行干燥，使竹胚条的含水率为8%～10%。

炭化：将干燥后的竹胚条置于碳化釜中，用蒸汽加热到120～130℃，压力为0.235～0.275MPa，时间为2～3h。

精刨：对炭化后的竹胚条进行精刨，使竹胚条各断面误差在±0.06mm以内。

品管分组：将精刨后的竹胚条按色泽分组，即将色泽相同或相近的竹胚条归为一组。

胶拼单板：将同组的竹胚条用上胶拼板机进行涂胶压拼成单板，其正向压力为7.85～10.7MPa，侧向压力为25～30MPa，温度为90℃，时间为80s。

单板养生：将单板架空置于自然环境中，放置24～72h，使其内部温度、含水率均衡，从而使单板内部应力平衡。

施胶复合：将经养生后的单板涂胶，根据用途按顺纤维方向或错纤维方向多层叠拼复合热压成大块集成方材，热压温度为90℃，压力为21～26MPa，时间为

0.5～2.5h。

清边平整:将成型的大块集成方材周边的余胶痕迹清除即为竹集成材成品(李军伟,2011)。

3. 加工设备

为了合理使用竹材,充分利用竹材特色,使竹家具富有色彩和变化的式样,必须在制作前对竹材进行截取、脱油、矫正、磨光、漂白、染色处理或人工斑纹的制作等,与木质家具不同的是,圆竹的截断、纵剖、去青去黄等加工采用断竹机、裂竹机、去青去黄机等专用的竹材加工机械(李军伟,2011)。

5.3.2　竹黄板

竹黄板也称竹翻黄,即取色美、质硬、光洁度高的竹黄面制作家具的面料,分单块竹黄板和胶合竹黄板。竹黄板的制作方法:截取竹材的节间部分,劈去竹青,再将竹筒衬在圆柱上用刨刀刨薄,再纵向切开,放入沸水内煮,或用明火烘烤,待竹黄变柔韧时取出趁热展开,并用两块平板加压夹平定型。竹黄板如单块使用,则要求厚度较大,为2.5mm左右,而胶合成胶合板使用,则要求厚度较小,为1.8mm左右,胶合时要将竹黄单板竹肉面对竹肉组坯后再冷压胶合。此外,竹黄板也可作表板与其他板胶合使用。在竹家具和工艺品中,竹黄板加工工艺独具一格,由于单块竹黄板面积小,不便制作大的构件,因此在家具制作中,小件产品可以用它作面板,如凳面、墩面等,或用单块竹黄板进行小面积的点缀装饰等,而胶合竹黄板可用作大件产品的面板,如桌面、椅面、茶几面等(吴智慧,2017)。

1. 加工工艺流程

工艺流程:圆竹→锯断→去外节→剖竹→去内节→蒸煮→干燥(自然)→蒸煮(药剂)→干燥→净料→打孔→施胶→组坯→热压→裁边→砂光→砂磨→油漆→检验→包装(王连钧等,1992)。

2. 竹黄板加工工艺

取材:原料的选择对成板花纹、成品规格、毛竹材料利用率等因素有影响。剖开的竹片,由劈篾机取黄片,留下的竹青材料可制作其他篾制产品。这种取料形式使竹黄在长度方向可达到1.5m以上,宽度在15～60cm,竹黄板以宽30～45cm为宜(王连钧等,1992)。

返黄:工业返黄是一道复杂的工艺。返黄的途径很多,如碱性溶液浸泡、久时贮放、沸水蒸煮、干燥后摩擦、油漆等,而返黄的色质、纯度、明度和彩度及保黄时间等是一个复杂又需要时间的研究项目。影响返黄、保黄的因素有竹子产地、生长年限、贮存方式和时间、同批竹子生长时期的受光条件及竹子受损形式等。影响竹黄统一质感的因素有化学处理、蒸煮处理、干燥处理、油漆、热压、砂磨和胶料品种、涂胶量等（王连钧等，1992）。

3. 加工设备

截锯机、去节机、打孔机、裁边机、砂光机等。

5.3.3　竹展平板

竹展平板是取上下直径相差不大的圆竹材，长度在1.5～2m，在圆竹表面锯开一条缝，并在圆竹内壁上拉出网状小槽以避免整竹展开时竹子因自身的应力发生断裂，通过高温高压的方式将圆竹材展开成平面而得到的板材。这种竹展平板极大地减少了圆竹转化成竹板过程中产生的材料浪费，同时摒弃了竹集成材在拼板时使用大量胶料，制作过程更为环保，并完整地保留了竹材的表面视觉效果（李祥仁，2012），如图5-18所示。竹展平板通过其创新的加工工艺，大大地提高了竹材的利用率，单板制作过程不使用胶水，并且完整地保留了圆竹的表面装饰特征，创造出全新的视觉感受。同时，其标准化的批量生产为其成为家具材料提供了必要的条件。

（a）保留竹青竹展平板桌子面板　　　（b）去除竹青竹展平板地板

图 5-18　竹展平板

由于竹展平板为全新的竹材产品，将其作为家具材料进行开发利用的案例主要有竹展平板地板（图5-18b）、竹展平板桌面构件（图5-18a，图5-19d）、收纳盒（图5-19a）、门板（图5-19c）等。竹展平板厚度受圆竹壁厚的影响，一般在10mm以下，因此在展平竹面板或者构件制备过程中连接是需要解决的主要问题。

（a）竹展平板茶几　　　　　（b）竹展平板收纳盒

（c）竹展平板门板　　　　　　　（d）竹展平板桌子

图 5-19　竹展平板家具

1. 竹展平板加工工艺流程

工艺流程：原料的选择→截断→去外节→剖开→去内节→水煮→高温软化→展平→辊压→刨黄→刨青→预干燥→干燥定型→锯侧边。

原料的选择：选择直径较大的竹材，如胸径9cm以上的毛竹和其他直径较大的竹子。

去外节：竹筒的外表面在竹节间均为光滑平坦的竹青，在竹节处由于笋箨的形成和维管束改变走向而形成凸起。为了提高展平、辊压和刨削工序的加工质量，需去掉竹节处的凸起部分，使其与竹筒表面的竹青保持同一高度。通常采用去节机，也可采用去青工艺，但后者技术要求高，生产效率低。

去内节：竹筒剖开以后，由于竹隔（统称为竹内节）环连在竹片内壁的竹节上，而竹内节高20～60mm，必须将内节去掉使其与竹片内壁保持平滑状态，方可取得满意的展平效果。

高温软化：分为两个阶段，第一阶段是水煮提高竹材的含水率；第二阶段是高温软化，将竹材温度提高到140～150℃。

展平与辊压：展平是经过水煮和高温软化的竹筒在压力作用下展开成平直状的竹片。竹片的内表面会有若干条不贯穿厚度方向的展开裂缝，但竹片仍保持连续成块，以便各后续工序的加工。展平的方式有以下几种。

（1）一次加压展平：即将半圆形竹筒放在单层或多层展平机内，一次加压展平。此法设备和工艺都比较简单，但竹材展平过程中应力大、裂缝深、质量较差。

（2）分段加压展平：此法的原理是将半圆形竹筒的圆弧分成若干段，在展平机的压板内以此分段进给后加压展平。

（3）连续加压展平：此法利用连续加压展平机，使竹筒在沿圆弧切线方向进给的同时受压展平。由于此法的进给和加压是同时进行的，因此能满足连续生产的要求，提高生产效率。

采用（2）、（3）两种展平方法，竹材在展平过程中应力小、裂缝多但分散且不贯穿到竹青表面，因而展平效果比较理想。但由于竹材有大小头、尖削度和弯曲度不均等问题，因此设计和制造连续加压展平机尚有一定难度，目前尚未采用。而分段加压展平质量虽较好，但展平机压板单边受力，负荷不均匀，且生产效率低，难于满足生产要求。故目前生产中采用的是一次加压展平方式（张齐生，1995）。

2. 加工设备

圆竹展平加工设备主要有截断锯、壁厚分级机、剖分机或去内/外节机、软化罐、展平机、定型机、压刨机、铣边机等，主要的展平设备如图5-20所示。

（a）圆竹纵向展平设备　　　　　（b）圆竹横向展平设备

图 5-20　圆竹展平设备

根据设计的需要，创意性的圆竹家具更加突出竹材的自身特性，其结构构件也更加独特，如由扭转竹条与圆竹组合的椅子。现代圆竹家具因现代造型或结构上的需要，常用些其他辅助材料，如木材、金属、玻璃、塑料、橡胶、藤材、石材、陶瓷等；多种材料的合理运用，可丰富产品的色泽、质感、纹理等，使圆竹家具在视觉、触觉上更符合现代生活和审美情趣。

长期以来，传统竹家具生产企业规模小，设备简陋，生产效率低，产品质量参差不齐。与实木家具、板式家具相比，竹家具产品质量和技术水平都要落后。同时，产品的设计和生产都缺乏系统的理论指导，在国内也没有相应的质量检测体系和标准。因此，当务之急首先是加快完善竹家具生产、检验标准体系，从而可以节约材料，降低生产成本，提高生产效率。其次是提高竹家具的质量，提高经济效益。最后是通过完善竹家具设计、生产、检验标准体系，促进竹家具产业的发展规范化、规模化，提高竹资源的利用率（杨凌云和郭颖艳，2010），使竹家具的生产向机械化、模块化发展。

第六章　圆竹家具连接技术

现代圆竹家具设计中，连接技术对圆竹构件的结构组成至关重要。连接件的连接功能如同人类身体骨骼间的"关节"，将圆竹各构件和材料有机组合起来，圆竹家具的各种连接赋予了其使用要求和功能拓展，从而实现圆竹家具的现代设计和结构创新。本章对圆竹家具的基本连接结构、连接件结构设计及规模化制造进行介绍。

传统圆竹家具的接合多采用打穴凿孔、胶合钉固的传统结构，再辅以藤条、塑料条带等捆扎方法。现代圆竹家具设计中，针对圆竹秆内、外径规格尺寸的差异性和外观装饰的需求，开发了木质、工程塑料、铝材等各种材料及其组合的内、外置式等连接形式。以典型的圆竹座椅为例（图6-1，图6-2），在结构设计和连接中涉及拼接、榫接、并接、销钉连接等多种连接方法，以及木质、工程塑料、金属连接件，不仅起到连接固定的作用，而且具装饰点缀功能，呈现出了圆竹家具新材料、新结构和新技术的研究成果。

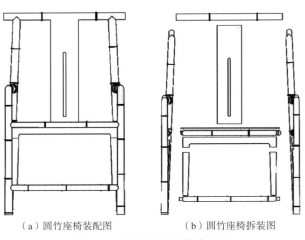

　　（a）圆竹座椅装配图　　　　　　（b）圆竹座椅拆装图

图 6-1　圆竹座椅设计效果图

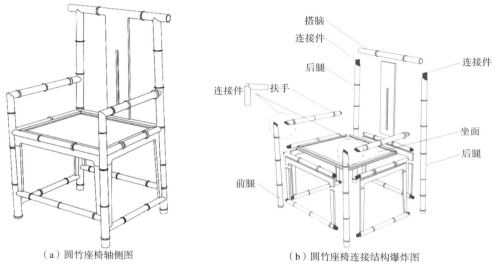

（a）圆竹座椅轴侧图　　　　　　　　（b）圆竹座椅连接结构爆炸图

图 6-2　圆竹座椅结构图

6.1　圆竹家具基本连接

6.1.1　拼接结构

　　圆竹家具中最主要的零部件是圆筒形而中空有节的竹秆，将直径基本相同的竹秆两端加工成直面榫、斜面榫、阶梯面榫、嵌接面榫、尖头榫、单月榫、双月榫等接合形式（图6-3，图6-4），竹秆端面相接合或嵌合。这种连接方法简单实用，可以使竹秆之间连接较长和连接稳固，竹秆之间的接合通常用竹销钉、气排钉、胶黏剂加固，或用藤条、塑料条带等条状物缠接固定。此外，还可以将两根竹秆接触面打磨平整，然后并排紧密连接，如图6-4e所示。

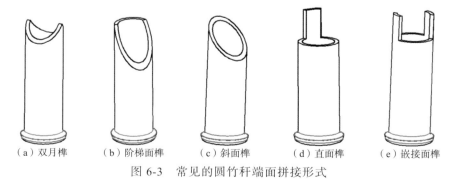

（a）双月榫　　　（b）阶梯面榫　　　（c）斜面榫　　　（d）直面榫　　　（e）嵌接面榫

图 6-3　常见的圆竹秆端面拼接形式

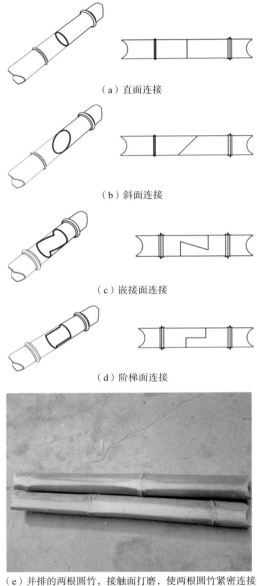

（a）直面连接

（b）斜面连接

（c）嵌接面连接

（d）阶梯面连接

（e）并排的两根圆竹，接触面打磨，使两根圆竹紧密连接

图 6-4　常见圆竹的拼接结构

6.1.2　包接结构

包接是将竹秆一部分开凹槽弯曲，从外部将另一圆竹部件包箍住。包接主要包括方折包接和嵌接连接两种形式（图6-5～图6-7）。方折包接结构主要由箍和头

两部分组成。弯曲的是箍，被包的是头，两部分组成部件后，部件是几边形就称为几方折，如部件为正三角形则称三方折，正四边形的则称四方折，依此类推。在方折包接中一般为单头方折，即一个箍只包接一个头，但一方折例外，一方折可以有二头或多头形式。

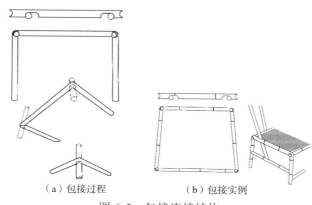

（a）包接过程 　　　　（b）包接实例

图 6-5　包接连接结构

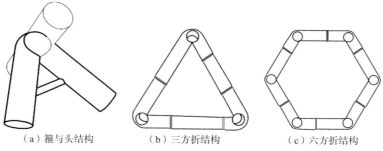

（a）箍与头结构　　　（b）三方折结构　　　（c）六方折结构

图 6-6　方折包接连接结构

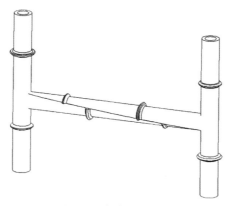

图 6-7　嵌接连接结构

在方折包接结构中，三方折、四方折、五方折、六方折、八方折、十二方折、十六方折是常用的几种形式，其中门形结构是四方折的一种变形，是传统圆竹家具中的基本接合形式，湖南益阳郁竹工艺中的郁围制作是圆竹家具中典型的包接结构。

经过多代手工艺人的钻研，包接结构各部件间遵循严谨的几何数理关系，具有秩序美，但是剡口与部件在使用过程中会产生相对压力，容易导致接合结构部分撕裂。

嵌接连接则是利用一根首尾直径基本相同的竹秆，在首尾的位置采用正劈或者斜削的方式切去一部分，使两端可以相切合，然后将竹材弯曲成圈，使原本切去一部分的两头相嵌合，再用竹销钉固定，这种连接方法是圆竹家具面层框架和水平框架制作中常见的接合方式（图6-7）。

6.1.3　榫接结构

榫接结构分为暗榫接合和明榫接合，主要通过榫头是否贯穿来进行区别(图6-8)。暗榫避免了榫头的外露，榫端隐藏在竹壁内，采用竹销钉固定，而明榫接合则与其刚好相反，榫头贯穿，榫端外露，且有十字接和斜接之分。

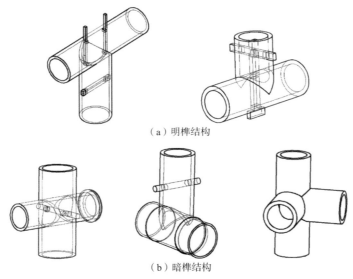

（a）明榫结构

（b）暗榫结构

图 6-8　榫接连接结构

榫接模仿中国实木家具结构，在竹筒上开槽，制作方式相对于绑扎更加简单，结构形式也更加多样，且由榫卯结构衍生出的榫接结构精巧，在不破坏外观流畅性的前提下能够满足不同状态的连接，但由于圆竹中空，开槽加工破坏了竹材原有的稳定圆筒结构，连接接点易被破坏。

6.1.4　并接结构

　　并接结构可将直径较小的竹材制成体量较大的家具，即把两根竹秆或多根竹秆平行连接起来。加工时先将预备好的竹秆接合面的竹节削平，使其相互紧密靠近以保证竹材平行连接时缝隙较小，将处理好的竹材紧密平行摆放在一起，在合适的位置打孔，再用木螺钉连接。弯曲的竹秆连接框架则要求每根竹秆的弯曲弧度相同。

　　该种连接结构常见于圆竹家具靠背、扶手、腿脚等框架的制作中，可提高圆竹家具框架的力学强度，使造型更加美观（图6-9，图6-10）。

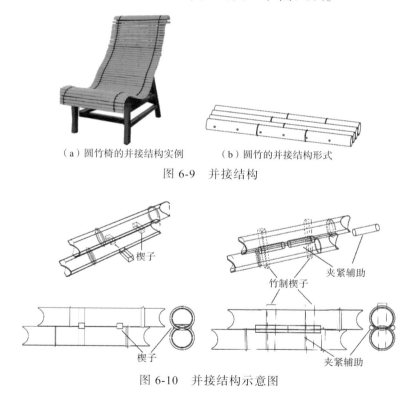

（a）圆竹椅的并接结构实例　　　　（b）圆竹的并接结构形式

图 6-9　并接结构

图 6-10　并接结构示意图

6.1.5　缠接方法

　　缠接是在圆竹家具框架中相连接的部位，使用藤皮、皮革条、线绳等缠绕接合处使之加固，常用的辅助材料有竹销钉、木芯、胶黏剂等，是圆竹家具中传统的一种连接方法（图6-11）。缠接的方式很多，主要的捆扎方法有束接缠接、弯曲缠接、端头缠接、拱接缠接、成角缠接等。这种连接方法的不足之处在于工艺过程烦琐，不适用于家具机械化、批量化生产。

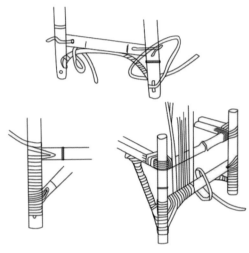

图 6-11　缠接方法

采用缠接方法连接圆竹家具时，藤制框架应事先用钉子钉牢，再用藤皮等缠接（图6-12）。

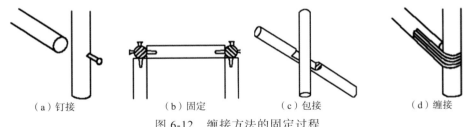

（a）钉接　　　（b）固定　　　（c）包接　　　（d）缠接

图 6-12　缠接方法的固定过程

缠接方法也可以按照其缠绕圆竹框架的形状进行分类，常见的有对接缠接、"T"形缠接、十字缠接、直角形缠接和三角形缠接等（图6-13，图6-14）。

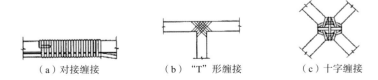

（a）对接缠接　　　（b）"T"形缠接　　　（c）十字缠接

（d）十字缠接　　　　（e）直角形缠接　　　　（f）三角形缠接

图 6-13 缠接方法示意图

图 6-14 圆竹椅缠接方法实物图

6.1.6 销钉或气排钉连接

用木、竹材制作成一端为圆锥状的木销钉或竹销钉，在圆竹材的结合处钻孔，将木、竹销钉打入孔中，削去多余的部分，以此来增加圆竹的连接强度，是目前竹家具最常用的连接方法之一（图6-15）。销钉的数量、方位和方向因家具零部件结构的不同而有所不同，对连接强度和产品外观具有较大影响。圆竹材在打孔后表面容易产生裂纹，而且销钉在使用过程中会产生湿胀干缩、霉变等现象，易引起接合部位开裂、松动，影响圆竹家具的稳定性。为了增加结合的强度，在实际操作过程中常在竹腔内塞入木头，这样可以增加销钉与基材的接触面积，进而增大销钉与孔壁之间的摩擦力。

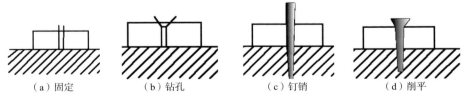

（a）固定　　　　（b）钻孔　　　　（c）钉销　　　　（d）削平

图 6-15 销钉连接过程示意图

气排钉是利用射钉枪以电或压缩空气为动力，通过冲击作用射入圆竹，避免了竹销钉打孔产生的圆竹开裂现象。现其取代了传统铁钉的人工逐个作业，可根据圆竹的直径选择不同规格尺寸的气排钉，通过射钉枪将规则排列的单个钉子快速射出，有效保证圆竹受力均匀，提高了家具生产效率。

6.1.7　穿榫或开孔式连接

　　穿榫或开孔式连接是圆竹家具独有的连接方法，该种方法适用于两个不同管径的圆竹接合（图6-16）。在较大竹秆上打孔，然后将适当的较小的竹管插入较大竹秆内，并用竹销钉作为楔子或胶黏剂固牢，或采用板与板条进行穿榫式连接。穿榫或开孔式连接结构一般会导致主体承重的强度降低，主要用于小型非承重结构。

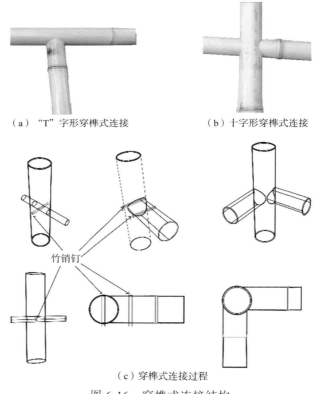

（a）"T"字形穿榫式连接　　　　（b）十字形穿榫式连接

（c）穿榫式连接过程

图 6-16　穿榫式连接结构

6.1.8　板式部件连接结构

　　圆竹家具中常用的板式部件有竹条板、竹排板、圆竹片竹帘板、竹黄板、编织板和胶合板等，主要用于制作桌面、椅面、柜面、床面及望板等部件。

　　每种板式部件的结合方式都是多种基本连接的组合，以竹条板为例（图6-17）。竹条板通过一根根竹条平行相搭组成，是竹家具中常见的板式部件。在竹家具框架相对应的两边开相对应的孔，在竹条上制作榫头，然后涂胶组装即成。常见的榫接合方式有月榫接合、方榫接合、双月榫接合、半圆榫接合、尖头榫接合等，接合后通过竹销钉加固。如果竹条过长，常在竹条下面做横衬，在横衬和竹条上开孔，用绳索穿越竹条而固定在下面的横衬上。另外，还有一种活动竹条板式部件，多用于活动竹躺椅和折叠椅。

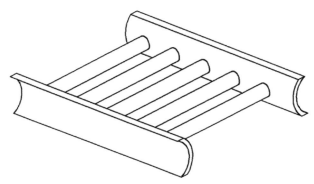

图 6-17　板式部件连接结构

　　还有一种是在板式部件中采用的托条-板面部件-压条连接结构，将板式部件放置于固定形状与框架相似的托条上加以固定，再用与托条相同形状、尺寸的压条进行固定。考虑到圆竹材的自然弯曲和尖削度存在差异，一般选取竹杆直径尺寸为中间值的竹杆制作托条，而板式部件与圆竹框架的间隙由细小板材或竹粉填补，外围通过原条封边则不会破坏家具外观质量。

6.2　连接件材料与结构设计

6.2.1　木质连接件

　　实木圆棒榫、榫卯接合是圆竹家具中常用的连接结构，主要功能是定位和固定，其接点的接合强度直接影响圆竹家具的稳定性和使用寿命。实木圆棒榫常用直径有6mm、8mm、10mm、12mm，长度有20mm、25mm、30mm、35mm、40mm、50mm。圆棒榫的表面有多种形式，如光面、直纹、螺旋纹、网纹等表面有纹的圆棒榫，因为胶水在纹槽中固化形成较密集的胶钉，胶接作用更大，一般以螺旋纹形式的连接强度为佳，目前市场上常用的是直纹和螺旋纹。

　　木质连接件在圆竹家具中主要的接合形式，包括内置式圆棒榫端接、内置式圆棒榫丁字接、内置式圆棒榫十字接、内置式圆棒榫"L"字接、内置式榫卯和外置式榫卯等。

1）内置式圆棒榫端接

内置式圆棒榫端接是将事先制作好的圆棒榫涂上胶水，然后塞在两个需要连接的竹秆的连接端，两根竹秆连接端的直径需基本一致。若端头有节隔，需要打通节隔后再接合。延长等粗竹秆的长度或者闭合框架的两端常采用此连接形式。

2）内置式圆棒榫丁字接

内置式圆棒榫丁字接是将两根竹秆相连接成直角或某一角度。

3）内置式圆棒榫十字接

对于直径相近的竹秆，内置式圆棒榫十字接是在一根上打孔，将另一根的端头做成"鱼口"形，再将事先制作好的圆棒榫涂上胶黏剂后进行连接；对于直径不同的竹秆，在较粗的竹秆上打孔，孔径大小与被插入的竹秆直径相同，涂胶后进行连接。竹秆上如有竹节留在孔外，常将其削平以便于穿过孔洞。

4）内置式圆棒榫"L"字接

内置式圆棒榫"L"字接是将两根直径基本一致的竹秆切削成需要角度，对切削后的竹秆进行处理，保持端面平滑完整，再将事先按照需要角度处理好的圆棒榫涂上胶黏剂进行连接（图6-18）。

（a）连接正视图　　　　　　　　　（b）连接轴侧图

图 6-18　内置式圆棒榫"L"字接

5）内置式榫卯连接

内置式榫卯连接方法与内置式圆棒榫连接方法类似（图6-19）。在圆竹家具结构连接时，由于竹材结构性能的特殊性，不同竹材竹腔内径尺寸会存在差异，因此采用内置式榫卯连接会存在一定的缝隙，致使连接结合处紧固性较差。虽然这种连接方法在紧固性上存在较小的不足，但在圆竹家具不需承载较大外力作用时，这种连接方式仍能够满足使用。

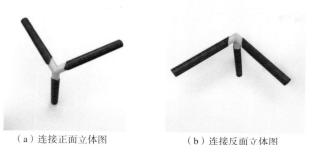

（a）连接正面立体图　　　　　　　　（b）连接反面立体图

图 6-19　内置式榫卯连接

6）外置式榫卯连接

外置式榫卯连接相较于内置式连接结构，具有较为明显的优势（图6-20）。首先，外置式榫卯连接对所要连接的材质没有具体要求，能够适用于多种材质间的连接；其次，外置式榫卯连接在连接结构的紧固性上，要比内置式好，能够满足有较高连接强度家具的使用要求；最后，外置式榫卯连接对所连接的竹腔壁直径尺寸无具体要求。

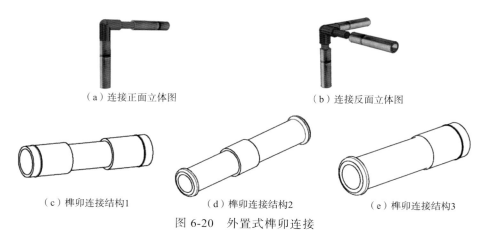

（a）连接正面立体图　　　　　　　　　　　　（b）连接反面立体图

（c）榫卯连接结构1　　　　　　　（d）榫卯连接结构2　　　　　　（e）榫卯连接结构3

图 6-20　外置式榫卯连接

6.2.2　金属螺纹连接件

螺纹连接是一种应用最广泛的机械连接方法，除了连接的负荷高和可计算这些优点之外，螺纹连接作为一种连接方法，能够实现一种可松开的连接，主要包括螺栓、双头螺栓、螺钉、紧定螺钉等，以及由其组合和扩展的木螺钉、自攻螺钉、膨胀螺栓、螺栓组、"T"形槽用螺栓等连接件（图6-21～图6-23）。

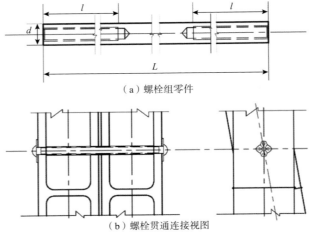

（a）螺栓组零件

（b）螺栓贯通连接视图

图 6-21　螺栓贯通连接装配示意图

图 6-22　美固木螺钉

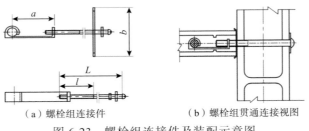

（a）螺栓组连接件　　　　　　　　（b）螺栓组贯通连接视图

图 6-23　螺栓组连接件及装配示意图

螺纹连接件一般采用单线普通螺纹，螺纹升角小于螺旋副的当量摩擦角，螺纹连接都能实现自锁功能。拧紧以后螺母和螺栓头部等支撑面上的摩擦力也有防松作用，所以在家具承重静载荷和环境温度变化不大时，螺纹连接不会自动松脱。但在冲击、振动或变载荷的作用下，螺旋副间的摩擦力可能减小或瞬时消失，这种现象多次重复后，就会出现螺纹连接松脱。因此，为保证连接安全可靠，螺纹连接设计时必须采取有效的防松措施。

木螺钉是专门针对木质材料设计的连接件，其作用是连接和固定，种类繁多，各有特点及特殊用途，主要包括沉头木螺钉、半沉头木螺钉和半圆头木螺钉。木螺钉的螺纹具有切削刃和阻滞刃肋，在旋入拧紧过程中切削刃起切削作用，这样木螺钉可容易进入木质材料中，而阻刃起阻滞旋入的木螺钉后退的作用，既能切削又有阻滞作用的木螺钉，可有效地避免木质材料的开裂。

自攻螺钉由木螺钉发展而来，其头部和螺纹等多方面与木螺钉不同。在有导入孔的前提下，自攻螺钉与材料的结合方式和木螺钉基本一致，都是通过螺纹与预钻孔壁的相互作用达到连接和固定功能。

在使用螺栓连接的同时，与其他配件结合，形成了一系列新的连接件。例如，由垫铁连接发展而成各种角铁连接，从空心木螺钉演变成固定销和各种膨胀螺栓等插接件，以及发展成为偏心、直角、对接等新型连接件。这些连接件使家具的生产更加简化，装配更加合理，结合强度和修复性进一步提高。目前，多数连接件已形成系列化和标准化产品。

6.2.3　五金连接件

传统的五金为"小五金"，是指金、银、铜、铁、铝5种金属，如今泛指各种金属、复合材料等。五金连接件广义上是用在家具制造过程中起连接固定作用的金属家具构件。根据五金件在圆竹家具上的作用，可以把五金件分为结构五金件、装饰五金件和功能五金件（图6-24）。

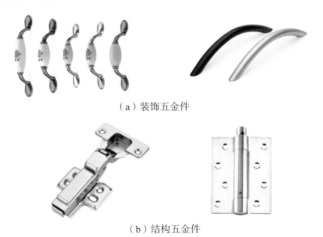

（a）装饰五金件

（b）结构五金件

（c）功能五金件

（d）竹节拉手

图 6-24　几种典型五金件实物图

结构五金件是指连接圆竹家具骨架结构、实现圆竹家具使用功能、具有结构支撑作用的五金件。常见的结构五金件有二通榫卯接头、三通榫卯接头、铰链、柜脚等。装饰五金件是指安装在圆竹家具外表面、起装饰和点缀作用的五金件，是家具形态要素的组成部分和家具形式的补充。常见的装饰五金件有拉手、表面装饰件、装饰盖板等。功能五金件是指除用于装饰和接合以外的，致力于圆竹家具空间拓展应用，或在家具使用中进行辅助功能拓展和衍生的五金件，能体现舒适、便捷、人性化的应用特点，具有储藏、调节、防护、安全和隐藏功能。常见的功能五金件有置物架、吊物钩、走线管、电视支架等。

家具中结构五金件和功能五金件已经兼具装饰功能，在满足基本功能需要的前提下，呈现出装饰性的特点，很多功能五金件在实现某种物理功能的同时，也具有愉悦精神等功能。特别是利用圆竹特有的竹节结构制作的"五金件"，如筇竹柜门拉手，更贴近自然和原生态。因此，结构五金、功能五金与装饰五金的分类概念是相对的。

种类繁多、功能各异的五金连接件已经在现代家具中得到广泛而深入的应用，尤其在板式家具中，显示出了其巨大的优越性。因此，在圆竹家具结构创新设计中借鉴已有的五金连接件或开发专用五金连接件，将是一种行之有效的方法。许多学者也针对圆竹家具结构设计出了一系列专用五金件，以满足不同结构形式及功能的需求，以下为三种典型的圆竹家具五金件连接结构案例分析。

1）类型一：圆竹"L"型可折叠结构

"圆竹'L'型可折叠结构"采用专用五金件，能够实现结构的可折叠，改变了传统圆竹家具结构大部分为固定式的状况，还能够满足家具产品可拆装、方便运输的要求（图6-25）。

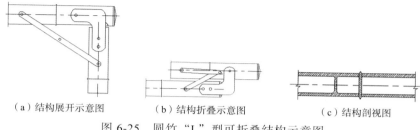

（a）结构展开示意图　　　　　（b）结构折叠示意图　　　　　（c）结构剖视图

图 6-25　圆竹"L"型可折叠结构示意图

2）类型二：圆竹"X"型可折叠结构

"圆竹'X'型可折叠结构"采用专用五金件，具有可折叠功能，结构展开呈三角形，受力合理，具有很好的稳定性，结构折叠后，占用空间小，运输、贮存方便（图6-26）。适合应用于有折叠功能的圆竹家具产品，如可折叠的晾衣架等。

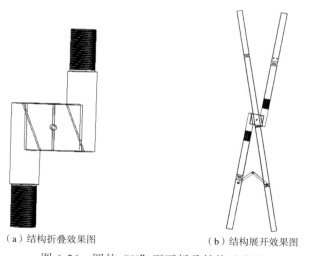

（a）结构折叠效果图　　　　　　　　（b）结构展开效果图

图 6-26　圆竹"X"型可折叠结构示意图

3）类型三：圆竹三向五金件连接结构

"圆竹三向五金件连接结构"通过对圆竹局部注塑增强后，采用专用五金连接件，能实现圆竹的三向相连。在传统圆竹家具中三向连接结构通常采用包接、嵌接等，存在结构稳定性差、制作工艺较复杂、不适合工业化大批量生产等缺点。但采用三向五金件连接结构，既能有更好的结构强度，工艺更简单，又能实现工业化大批量生产和可拆装化，大大降低成本，更适合现代圆竹家具结构的要求（图6-27）。

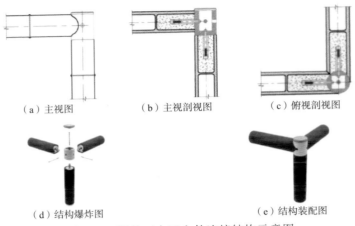

（a）主视图　　　　　　（b）主视剖视图　　　　　　（c）俯视剖视图

（d）结构爆炸图　　　　　　　　　　（e）结构装配图

图 6-27　圆竹三向五金件连接结构示意图

6.2.4　金属接头连接件

金属接头连接件是指带螺纹连接或螺纹锁紧功能的连接件，是家居和工业中常见的一种管件，螺纹接头使圆竹间的连接变得更简单，拆卸更换也更容易，大大节省了圆竹连接的成本（图6-28）。

（a）圆竹金属接头连接件连接结构模型图　　　　（b）圆竹金属接头连接件连接结构线框图

图 6-28　圆竹金属接头连接件连接结构实物图

螺纹接头连接件一般包括螺纹弯头、螺纹三通、螺纹活接头、螺纹管帽、螺纹管箍、螺纹异径管、螺纹堵头、螺纹外丝、补芯等。家居和工业上用的螺纹接头一般由金属制造，强度较高，材料有碳钢、不锈钢、合金钢、黄铜等。

6.2.5　工程塑料连接件

随着工程塑料的不断研制和开发，其专业化程度在不断提高，应用领域在不断扩大，工程塑料制品和零件越来越广泛地应用于机械工业、电子工业及日常消费品等诸多领域。与通用塑料相比，工程塑料具有优良的耐热、耐寒、耐腐蚀和耐久性能，机械性能优良，适宜作为结构材料使用；与金属材料相比，工程塑料质轻，比强度高，并具有突出的减摩和耐磨性能。

　　近年来，工程塑料连接件作为一种经济简单、有效便捷的连接方式，在圆竹家具的新产品开发中逐渐得到应用（图6-29）。例如，聚甲醛（POM）机械性能与金属非常接近，被誉为"赛钢"，具有强度高、刚度高、尺寸稳定性好等优点，可加工成外观造型丰富的连接件，在很多工作环境中可替代合金、铜等金属。

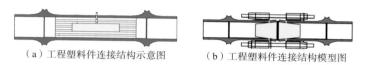

（a）工程塑料件连接结构示意图　　　（b）工程塑料件连接结构模型图

图 6-29　工程塑料连接件连接原理图（Awaludina and Awaludina, 2014）

　　利用工程塑料较高的强度与韧性，可实现塑料独特的卡接方式，通过多种形式的卡扣将一个零件连接到另外一个零件上，实现圆竹家具的快速连接和装配（图6-30）。缺点是塑料连接往往是家具产品最脆弱的地方之一，在很多场合，塑料连接件一旦损坏将直接影响家具产品的性能及使用寿命，决定着家具产品的质量。

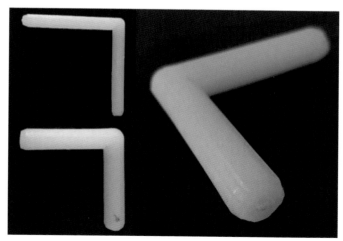

图 6-30　工程塑料连接件实物图（图片来源：杭州所氏竹业有限公司）

　　工程塑料可代替金属作工程材料制造机器零部件等。工程塑料具有优良的综合性能，刚性大，蠕变小，机械强度高，耐热性好，电绝缘性好，可在较苛刻的化学、物理环境中长期使用，可替代金属作为工程结构材料使用，但价格较贵，产量较小。

6.2.6　铝材连接件

随着铝合金材料表面处理工艺和加工性能的进步与发展，其被广泛应用于航空、汽车、建筑领域。在建筑家居和室内装饰中，与传统钢材相比，铝合金作为一种新的金属建筑材料，因质轻、比强度高、抗腐蚀和机械加工特性优良而更具竞争力。

铝合金可以分为变形铝合金和铸造铝合金两类。铸造铝合金是直接采用铸造方法浇注或压铸成零件和毛坯的铝合金；变形铝合金是经熔炼成铸锭后，再经热挤压加工成具各种截面形状的型材、棒材、管材和板材等的铝合金。

按照《变形铝及铝合金化学成分》（GB/T 3190—2008）标准中规定的化学成分含量，适用于制作连接件的铝合金牌号主要为6061、6063和6082等。作为连接件，铝合金结构的设计方法、连接方式与钢结构类似，可采用机械连接、焊接和粘接方法。机械连接中一般使用螺栓连接和螺丝连接。粘接主要用于家具构件间对静载荷、连接刚度和抗疲劳性能要求不高的场合。

6.3　新型连接结构

传统圆竹家具以形圆而中空有节的竹秆和竹片作为主要零部件，造型奇特，常给人以返璞归真的自然感受，自古以来就深受人们的喜爱。随着新材料、新结构和新技术的推广应用，如何充分利用竹材自然资源，在传统竹家具的基础上，通过先进制造技术改造和提升圆竹的连接功能，是竹材加工业和家具业面临的重要课题之一。

6.3.1　新材料的应用

随着复合材料的发展和科学技术的进步，新型材料越来越受到关注，纤维增强复合材料以其优越的比刚度、比强度、功能性及可设计性，在航天和汽车工业领域得到广泛应用。纤维增强复合材料是由增强纤维与基体采用物理和化学方法在宏观尺度上组成的具有新性能的材料。通常纤维在复合材料中起着提供强度和刚度的作用，基体起着支撑、固定纤维、传递纤维间载荷、防止纤维磨损和腐蚀的作用。

目前已形成四大类复合材料，分别为树脂基复合材料、C/C复合材料、陶瓷基复合材料与金属基复合材料。其中树脂基复合材料经历从玻璃纤维、碳纤维、有机纤维、聚乙烯纤维到聚苯并双咪唑5代发展过程，其因具有高比强度、高弹性模量及低成本制造优势，近年来在圆竹建筑和家具构件的缠接方法创新方面得到了一定的试验与应用，如图6-31所示，可借鉴其他领域的技术，将新型材料应用到圆竹家具或圆竹建筑的连接上。

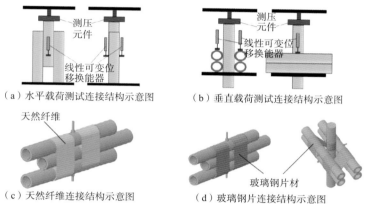

(a)水平载荷测试连接结构示意图　　　　(b)垂直载荷测试连接结构示意图

(c)天然纤维连接结构示意图　　　　(d)玻璃钢片连接结构示意图

图 6-31　圆竹三向五金件连接结构示意图（Awaludina and Awaludina, 2014）

6.3.2　新结构的应用

新材料、新工艺的出现，为装配式竹结构和装配式竹家具的推广应用提供了条件，工厂化批量生产的竹制品、竹部件运输到现场装配成家具，要符合受力合理、整体性好、安装方便等要求，其连接结构直接关系到家具结构的安全和可靠性。如何在充分发挥圆竹材特性的基础上，结合新材料，采用新工艺，创造出新型竹连接构造形式，是圆竹结构和圆竹家具行业面临的挑战。

现代圆竹家具结构更多利用连接件作为节点，将受力载荷通过节点传递给连接的竹材，而在传统竹结构中则直接让相接触的竹材进行受力载荷传递，这一特点便是现代圆竹结构与传统竹家具的本质区别。对于圆竹材而言，节点处受力最为集中且最容易出现开裂，通过新型连接件的结构设计，可有效避免集中荷载的破坏，最大程度发挥圆竹材较强的抗拉和抗压性能优势。

在螺栓、螺钉基本连接结构的基础上，针对圆竹内、外径规格尺寸的差异性，开发了功能组合的螺栓组、"T"形槽用螺栓连接件，如螺栓与简易预制金属件的组合、螺栓与装配式预制金属件的组合等。结合圆竹家具外观装饰的需求，开发了各种材料及由其组合的内、外置式连接件，如木质接头、工程塑料接头、铝材接头，以及各种材料的组合接头。

采用嵌套结构，能够有效地保证竹材的完整性。嵌套结构有外部嵌套和内部嵌套两种类型（图6-32）。外部嵌套连接方法，在与竹材的连接处利用其他可收缩材料如采用弹性胶圈以适应不同直径的圆竹，解决圆竹尺寸不统一的问题。嵌套结构能避免破坏圆竹的筒形形状，很大程度上保证了圆竹本身的结构强度。

（a）外部嵌套连接结构示意图　　　　（b）内部嵌套连接结构示意图

图 6-32　嵌套结构

　　对于内部嵌套连接形式，其连接结构与外部嵌套类似，但是内部嵌套在连接两根直径近似的圆竹结构时，多采用具有一定刚度的圆柱状杆件，将该杆件嵌入到需要连接的两根圆竹内部，并在连接处采用销钉固定。

　　可将竹制家具通过组件方式进行批量化生产，将成套的竹杆和连接结构进行存储与运输，大大降低了空间占用，节省了成本。维护时，可仅将损坏的部分进行更换，因此维护方便。同时，由于套筒位于竹杆外侧，且为薄壁筒件，因此可运用竹节状拟态胶套等模拟和仿生手法将连接结构设计成与竹子色彩及外形相同的结构，避免损害竹制家具特有的自然风情。以下为三种典型嵌套连接结构。

　　1）一字形套接连接件

　　一字形套接连接件主要用于延长等粗圆竹或连接闭合骨架的两端（图6-33）。

（a）套接连接件外观　　　　　　　（b）套接连接件结构

图 6-33　一字形套接连接件结构示意图

　　2）弯头式套接连接件

　　该连接件是将套接连接件尺寸在竹秆径级和两竹秆形成夹角等方面加以系列化，这样所连接竹秆形成的角度可以从相互垂直扩大到多种夹角。在参考了水管转弯处接合方式后，构想出了弯头式套接连接件（图6-34）。这种套接件是把直径相同的竹秆按预设角度进行套接，最为常见的是直角形弯头式套接连接件，即两竹秆夹角为90°。可用于扶手部件的连接、靠背椅靠背立挺与搭脑的连接等。

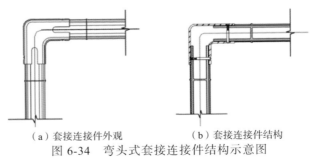

（a）套接连接件外观　　　　　　　（b）套接连接件结构

图 6-34　弯头式套接连接件结构示意图

3）"T"形套接连接件

该连接件用于将三根竹秆连接成"T"形部件（图6-35）。常用于椅子、桌子、茶几等腿与横撑的连接。

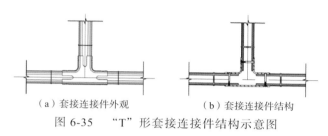

（a）套接连接件外观　　（b）套接连接件结构

图6-35　"T"形套接连接件结构示意图

6.3.3　新技术的应用

3D打印技术作为一种新的增材制造方法，是在计算机辅助制造、激光刻印、自动化数控、多轴精密移动及新型材料开发等技术的基础上综合发展起来的一项参数化制造方法。该方法使新产品的开发、制造时间大为缩短，成本也大幅降低，已经在航空航天、汽车、工业工程设计、土木工程、家具制造等领域应用。

匈牙利设计师为宜家家居设计的基于3D打印技术的塑料连接件，是使用聚乙烯材料打印出的不同类型的板材家具连接件，可使板式家具构件不受限制地任意组合，如图6-36所示，其中图6-36a为多个角度的连接件，图6-36b为采用该连接件自主搭建的板材展示架。这种连接件组装不同的板材时不需要胶水、螺钉等紧固材料，只需要将板材插入连接件卡槽并逐一拼接，最终按照消费者的设计完成整体家具的制作。这种连接结构的优势是可以按照消费者的设计需求，由厂家提供板材和连接件的3D数据，并由消费者采用3D打印机制作这种连接件，这样完全可以实现自主设计、生产、组装家具。

（a）3D打印连接件　　（b）3D打印连接件连接效果图

图6-36　3D打印家具板材连接件

韩国设计师开发的Plumb家具模块化连接组件，可根据家具结构和构件形状进行组合，这种基于3D打印技术的连接件，可将桌椅、立柜的圆形支柱与平板有机连接（图6-37）。例如，消费者可以扩展他们的架子，将椅子改装成儿童的高脚椅，或者通过改变一些组件将桌子变成架子，通过模块化连接组件可实现家具使用简捷方便、拆卸过程简单易行。

图 6-37　　家具模块化连接件实物图

6.4　圆竹家具连接技术发展方向

圆竹家具历史悠久，造型奇特，一直深受人们的喜爱。随着人们对圆竹家具创新性要求的不断提高，圆竹家具的结构形式和品种数量也在发生着巨大变化。如何结合自然竹材圆而中空和特殊的竹节结构，通过连接结构的创新设计带动传统制造方式的变革，以设计带动生产，以设计推动圆竹家具的发展，是竹材加工和家具行业面临的挑战。

连接件作为圆竹家具设计、制造、加工过程中必不可少的零部件，其结构类型也在同圆竹家具的结构形式一样变得多样化，更为重要的是，随着圆竹家具市场的发展，要求连接件在家具的生产制造过程中能够快速安装、装配，以提高圆竹家具的规模化生产效率。

圆竹家具连接件的发展主要有以下三个方向：一是连接件结构形式的多样化，以满足多种形式结构圆竹家具的安装、连接需求；二是连接件的模块化设计，以满足圆竹家具的快速生产制造，提高家具的生产制造效率；三是连接件的材质不再局限于金属、木质或竹材，随着新材料技术的革新，复合材料、工程塑料、铝材等将会被用作圆竹家具连接件材料。

圆竹家具连接结构的创新方向应是使圆竹家具零部件、结构形式能够便于工业化大规模生产、适应市场变化、满足不同销售模式的需求，即实现标准化、模块化、可拆装化。圆竹家具连接结构的创新设计，必将带动圆竹家具生产工艺、外观造型、功能等的创新，从而使绿色、生态、可持续发展的圆竹家具符合现代人的生活方式和审美特点。

第七章 圆竹家具装配

7.1 装 配 定 义

　　任何一件圆竹家具都是由若干个零部件组成的。零件是家具制造的最小单元，如一个螺钉或榫卯等；部件是两个或两个以上零件结合成的家具一部分，如面板、框架、靠背等。按照设计图纸和技术文件的规定，使用手工工具或机械设备，将零件接合成部件或将零部件组合成完整产品的过程，称为装配，图7-1为圆竹太师椅的零部件装配顺序图。将零件接合成部件，称为部件装配即连接（第六章已经详细地阐述了部件装配即连接的内容，故不再过多的叙述）；将加工完成的构件

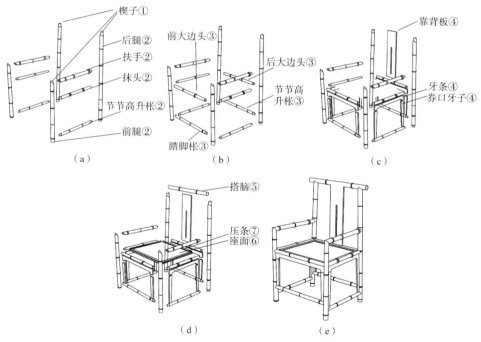

图 7-1　圆竹家具装配实例图（太师椅）

（a）装配楔子、前腿、后腿等；（b）装配前大边头、脚踏枨等；（c）装配靠背板、牙条等；（d）装配搭脑、座面、压条；（e）装配完成的太师椅

按照设计要求组合成完整家具的过程，称为总装配。总装配的过程包括：采用榫卯、铰链、螺钉等固定式结构连接形式或连接件组装家具的主框架，在主框架上通过胶黏剂或连接件安装次要或装饰零部件。

　　装配的目的是根据产品设计要求和标准，使产品达到其使用说明书的规格和性能。根据圆竹家具结构的不同，其涂饰与装配的先后顺序有以下两种：固定式（非拆装式）圆竹家具一般先装配后涂饰，如圈椅、茶台等；拆装式圆竹家具或大型家具一般先涂饰后装配，如较大件的圆竹家具（如床）和装饰类的圆竹家具（如拱门）等。

7.2　装配的要求和原则

7.2.1　装配的要求

　　装配是把各个零部件组合成一个整体的过程，而各个零部件按照一定的程序、要求固定在一定位置上的操作称为安装。各零部件在安装过程中需要达到：顺序正确，按照图纸规定在正确的位置和规定的方向进行安装，安装完毕后，产品必须达到预定的要求或标准。

　　家具装配图的作用是在家具零部件都已加工完毕和配齐的条件下，按图纸要求进行装配形成产品，指明零部件在整体家具中的位置及其与其他零部件之间的装配关系。要注出家具装配后要达到的尺寸，如总体尺寸宽、深、高等。另外，装配图一般都要注明主要零部件编号（连接件除外），目的是对号查找。同时，家具结构装配图上还要有家具的全部结构和装配关系，如各种榫接合或钉结合、线脚镶嵌装饰等，以及装配工序所需用的尺寸和技术要求等。想把许多零部件正确地装配成家具，就要按照结构装配图上的设计进行装配，有时结构装配图还是油漆修饰工序的依据。装配图主要有三种类型，即结构装配图、装配图和装配（拆卸）立体图。

7.2.2　装配的一般原则

　　为了提高装配质量，必须注意下列几个方面。
　　（1）仔细阅读装配图和装配说明书，并明确其装配技术要求。
　　（2）学习各零部件在产品中的功能。
　　（3）如果没有装配说明书，则在装配前应当考虑好装配的顺序。
　　（4）装配的零部件和装配工具都必须在装配前进行认真的挑选与清理。
　　（5）必须采取适当的措施防止异物进入正在装配的产品中。
　　（6）装配时必须使用符合要求的紧固件或连接件进行紧固与连接。

（7）拧紧螺栓、螺钉等紧固件时，必须根据产品装配要求使用合适的装配工具。

（8）如果零件需要安装在规定的位置上，那就必须在零件上做记号，且安装时还必须根据标记进行装配。

（9）装配过程中，应当及时进行检查或测量，包括位置是否正确、间隙是否符合要求、尺寸是否符合要求、家具构件是否符合功能和设计人员及客户要求等。

7.3　装配的工艺

7.3.1　装配的准备工作

为了提高效率，高质量地完成装配家具的任务，在进行装配前，应做好以下准备工作。

（1）首先要看懂产品的结构装配图，领会设计意图，弄清产品的全部结构、所有部件的形状和相互间关系等，以便确定产品的装配工艺过程。

（2）做好零部件的选配工作，同一制品上相对称的零部件要求竹材材种、纹理、颜色应一致或近似。按零部件的表面质量，确定其外面与背面，由于表面质量直接影响其美观性，因此美观的一面应尽量向外。

（3）逐一检查、核对零件数量，对不符合要求的零件要及时更换。批量较大的新家具，要先试装配一下，以便及时发现零件加工误差和设计上的问题，从而采取措施予以解决。检查零部件表面是否留有各种痕迹与污迹，应清除干净再组装。

（4）检查所有榫头倒棱，以保证装配时能顺利打入榫眼内。同时要检查榫头长度与榫眼深度是否适宜。

（5）先调好胶黏剂备用。调配胶黏剂时，要使胶液的黏度符合工艺要求，以便榫接合时，在榫头上与榫眼中涂上适量的胶黏剂来增加接合强度。

（6）按所装配家具的数量和规格，准备好所用的辅助材料，如木螺钉、圆钉、拉手、铰链等各种连接件和配件。准备好夹具，如果采用机械装配，应检查机械各转动部分有无障碍，压力是否适宜。如果采用手工装配应检查装配使用的工具是否牢固，以保证安全。

7.3.2　装配的技术要求

装配对家具的使用功能有很大影响，如装配时，榫眼涂胶不均匀或用胶过少，就会导致脱榫、开裂或变形等现象，从而降低产品的使用寿命。因此，零部件装配时，一定要严格遵守技术操作要求，装配后的成品必须符合图纸规定的规格尺寸及质量标准。

（1）对于有榫眼结构的装配件，需在榫头和榫眼表面上同时涂上胶，涂胶要均匀。涂胶过少，易发生脱榫、开裂或变形；涂胶过多，胶液会被挤出榫眼外面，造成浪费，也会降低产品的使用寿命。胶液沾在零件表面或接合部留有被挤出来的多余胶液时，应及时用温湿布清除干净，以免在涂饰时涂不上色影响涂饰质量。

（2）榫头与榫眼接合时，用力要适当，以免造成零件劈裂。手工装配时，榔头不能直接敲打在零部件表面上，应垫块较硬的木板，以免工件表面留有锤痕和受力集中而损坏。装配时要注意整个框架是否平行，如有倾斜、歪曲现象应及时校正。

（3）拧木螺钉时，只允许用锤敲入木螺钉长度的1/3，其余部分要用螺丝刀拧入，不可用锤敲到底，木螺钉的帽头要与板面平齐，不得歪斜。

（4）框架等部件装配后，应按图样要求进行检查，如发现倾斜、窜角、翘曲和接合不严等缺陷应及时校正。若对角线误差很大，可将长角用锤敲或用压力校正，装配好待胶干后，再根据设计要求进行精光、倒棱、圆角等修整加工。

（5）配件与装饰件应满足设计要求，安装应对称、严密、美观、端正、牢固，无损制品表面质量；接合处应无崩裂或松动；不得有少件、漏钉、透钉；启闭配件应使用灵活，不得有自开、自关或过松、过紧现象。

（6）各种部件表面加工形状分明、平整光洁、棱角清晰。

7.3.3　装配程序的确定

圆竹家具零部件是用手工或机械加工的方法制造而成的，如刨削、钻孔、铣削等，这些零部件最终通过某种连接技术装配成家具而发挥其作用。零部件的装配涉及许多装配操作，如零件的准确定位、零件的紧固、固定前的调整和校准等，最为重要的是这些操作必须以一个合理顺序进行，这就是装配程序。因此，合理的装配程序能够迅速有效地指导完成装配工作。

装配顺序是否合理在很大程度上取决于：①装配产品的结构；②零件在整个产品中所起的作用和零件间的相互关系；③零件的数量。

安排装配顺序一般应遵循的原则是：首先选择装配基准件，它是最先进入装配的零件，多为规定要求和精度较高的车床床身导轨等，并从保证所选定的原始基面的直线度、平行度和垂直度的调整开始，然后根据装配结构的具体情况和零件之间的连接关系，按先下后上、先内后外、先难后易、先重后轻、先精密后一般的原则去确定其他零部件或组件的装配顺序。

7.3.4　装配工序及装配工步的划分

通常将整个家具或家具部件的装配工作分成装配工序和装配工步顺序进行。

由一个工人或一组工人在不更换设备或地点的情况下完成的装配工作，称作装配工序。用同一工具，不改变工作方法，并在固定的位置上连续完成的装配工作，称作装配工步。在一个装配工序中可包括一个或几个装配工步。

部件装配和总装配均由若干个装配工序组成。

7.3.5　装配工艺规程

装配工艺规程是规定产品或零部件装配工艺过程中操作方法等的工艺文件。执行工艺规程能使生产有条理地进行，能合理使用劳动力和工艺设备，降低成本，提高劳动生产率。

1. 装配单元

为了便于组织装配流水线，使装配工作有秩序地进行，装配时，将产品分解成独立装配的部件或分部件，如圆竹桌子的面板和框架，椅子的腿支撑构件、面板、靠背等部件。为了便于分析研究，要将产品划分为若干个装配单元。装配单元是装配中可以进行独立装配的部件。任何一个家具产品都可以分解成若干个装配单元。

2. 装配基准件

最先进入装配的零件称为装配基准件，它可以是一个零件，也可以是最低一级的装配单元。

3. 装配单元系统图

表示产品装配单元划分及其装配顺序的图称为装配单元系统图，图7-2为圆竹太师椅的装配单元系统图。

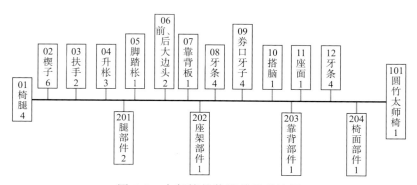

图 7-2　太师椅的装配单元系统图

绘制装配单元系统图时，先画一条横线，在横线左端画出代表基准件的长方格，在横线右端画出代表产品的长方格，然后按照装配顺序从左向右将代表直接装到产品上的零件或组件的长方格从水平线引出，零件画在横线上面，组件画在横线下面。用同样的方法可把每一组件及分组件的系统图展开画出。长方格内要注明零件或组件名称、编号和件数。

4. 装配工艺规程的制定

1）制定装配工艺规程应具备的原始条件

（1）产品的全套装配图样。

（2）零件明细表。

（3）装配技术要求，验收技术标准和产品说明书。

（4）现有的生产条件及资料（包括工艺装备、车间面积、操作工人的技术水平等）。

2）制定装配工艺规程的基本原则

（1）保证并力求提高产品质量，而且有一定的精度储备，以延长机器使用寿命。

（2）合理安排装配工艺，尽量减少手工装配工作量，以提高装配效率、缩短装配周期。

3）制定装配工艺规程的步骤

（1）研究产品的装配图及验收技术标准。

（2）确定产品或部件的装配方法。

（3）分解产品为装配单元，规定合理的装配顺序。

（4）确定装配工序内容、装配规范及工夹具。

（5）编制装配工艺系统图：是在装配单元系统图上加注必要的工艺说明（如连接、配钻、铰孔及检验等），用于较全面地反映装配单元的划分、装配顺序及方法。

（6）确定工序的时间定额。

（7）编制装配工艺卡片。

7.4　装配工作

在装配准备工作完成后才开始进行正式装配，结构复杂的产品，其装配工作一般分为部件装配和总装配。

7.4.1　圆竹家具部件装配

圆竹家具部件装配指家具产品在进入总装配之前的装配工作。凡是按照设计图纸和技术文件规定的结构与工艺，使用手工工具或机械设备，将两个以上的零件组合在一起或将零件与几个组件结合在一起成为装配单元的工作，均称为部件装配，图7-3为圆竹与连接件装配为椅子腿构件。

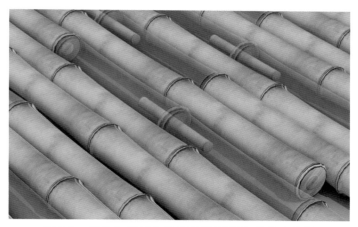

图 7-3　圆竹与连接件装配为椅子腿构件装配实例

由于圆竹家具支撑类构件多以圆竹为主，因此内部套管结合是主要的连接方式，如图7-3所示。从当前竹制家具结构的特征来看，可拆装式制品主要采用连接件接合和圆榫接合，而非拆装式（固定式或成装式）制品仍以各种榫接合为主，如图7-4所示，并用胶料进行辅助接合。圆竹家具的连接方式主要是圆榫接合，同时以胶料辅助接合，另外，气钉连接也是一种常用的辅助连接方式。如果装配构件除了主要的木榫接合，还有气钉或胶料辅助连接方式，辅助连接可在零部件定位后再进行，也可以先进行胶料涂刷或气钉固定，再进行固定装配，如图7-5所示。目前，在木质家具领域，要使部件装配工作顺利、精确地完成，同时提高生产率，基本上是靠零件在机床上加工；而圆竹家具的原材料为天然的生物质材料，其尺寸、径级、壁厚、内孔直径都各不相同，因此目前圆竹家具的装配多以手工完成

图 7-4　木质窗户框装配图

图 7-5　圆竹椅子装配图

为主，或者前期的固定、构件的连接，都以手工操作为主，圆竹家具构件实现机械化、标准化的加工和装配是未来的发展趋势。

7.4.2　圆竹家具总装配

圆竹家具总装配指将修整加工的零件和部件在配套之后组装成一件完整家具制品的过程。结构不同的各种圆竹家具，其总装配过程的复杂程度和顺序也不相同。由于圆竹家具生产企业的规模不一，其产品结构、技术水平、生产方式、产品类型及劳动组织能力等各有不同，因此圆竹家具装配方式也不相同，有固定式、移动式和自装式。目前，圆竹家具的装配方式以固定式装配为主。一般来说，总装配过程可以分为4个阶段：①形成制品的骨架；②在骨架上安装加强结构的固定接合的零部件，如圆竹家具的望板、券口牙子等；③在相应的位置上安装导向装置或由铰链连接的活动零部件；④安装次要的或装饰性的零部件或装配件等。

在个别情况下，总装配的顺序也可以根据加工工艺的不同予以适当调整。当前，圆竹家具主要是非拆装式家具，其总装配过程往往还需要进行大量的修整、找内圆、削内孔、局部修磨、揩擦等辅助操作，在实际应用中应尽量缩减这类操作。而大多数木质家具企业，具有合理的木家具结构和加工工艺过程，而且零部件加工能保证足够的精度和互换性，如拆装式木质家具，可以实现不经厂内总装配，而是以成套的零部件和配件运送至销售点或使用地之后再总装配或由用户自装配，这在圆竹家具中还需要一段时间和空间才能实现。

由于圆竹家具零部件类型的不同和加工方法的各异，加之部件装配和总装配方式存在多样性，单件圆竹家具产品往往混合使用多种连接方式，其总装配形式有以下几种。

7.4.2.1　顺序装配

顺序装配就是将家具中各个零部件按顺序依次进行安装，这种类型的装配是根据技术要求规定的装配基准进行的。顺序装配的一般原则为先下后上，先内后外，先难后易、先重大后轻小，先精密后一般，如图7-6所示。

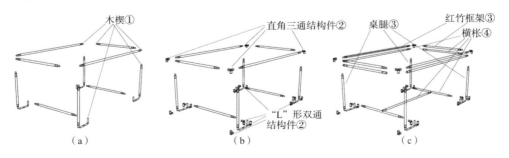

（a）　　　　　　　　　　（b）　　　　　　　　　　（c）

图 7-6　圆竹家具顺序装配示例（宋屏茶海）

（a）木楔与支撑框架构件装配；（b）直角三通结构件和"L"形双通结构件装配；（c）桌腿、框架和横枨装配；（d）框架支撑和雕花饰板装配；（e）压边条和桌面装配；（f）装配完的宋屏茶海

7.4.2.2　平行装配

平行装配是将家具中部分零件分别装配成部件，然后再将零件、部件装配成制品，如图7-7所示，因此在家具设计时就应绘制出家具的安（拆）装顺序图，并依据安（拆）装顺序图的顺序进行家具的总装配。

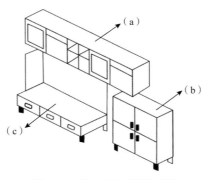

图 7-7　家具平行装配示例

（a）顶部组合橱柜；（b）侧方柜；（c）底部台面

根据装配组织形式、生产类型和产品复杂程度，装配还可以分为单件生产装配、批量生产装配和现场装配三类。

1. 单件生产装配

单个制造结构不同的产品，并很少重复，甚至完全不重复，这种生产方式称为单件生产。单件生产的产品多在固定的地点，由一个或一组工人从开始到结束进行全部的装配工作。圆竹家具以圆竹竹秆为主要构件，基于竹秆为天然材料，其尺寸和规格参差不齐，这与人工材料构件的标准件不同；再加上圆竹家具独特的结构和性能，即凸显圆竹独特的纹理和文化特性。因此，目前圆竹家具的装配还以单件生产为主，如图7-8所示的长案茶海。单件小批量生产时，只绘制装配系统图，装配时，按照产品装配图和装配系统图工作。

图 7-8　单件圆竹家具生产实例

2. 批量生产装配

在一定的时期内，成批地制造相同的产品，这种生产方式称为批量生产。小型圆竹家具多采用批量生产装配，如圆竹凳子等，如图7-9和图7-10所示。批量生产时，需要制定部件、装配工艺卡，写明工序次序，标明工序内容、设备名称、工夹具编号和名称、工人技术等级和时间定额等项目。

图 7-9　圆竹太师椅实例　　　　　　图 7-10　圆竹鼓凳实例

3. 现场装配

现场装配共有两种，第一种为在现场进行部分制造、调整和装配，这里有些零部件是现成的，而有些零件是需要根据现场尺寸要求进行制造的，然后进行现场装配。第二种为与其他现场设备有直接关系的零部件必须在工作现场进行装配，如尺寸较大、形状复杂的圆竹家具，如图7-11所示的红竹仿古圆竹床。

图 7-11　仿古圆竹床实例

7.4.3　调整、精度检验

（1）调整工作是指调节零件或框架的相互位置、配合间隙、结合程度等，目的是使家具产品各构件相互协调、接合牢固，如连接部位、螺栓配合间隙和构件位置调整等。

（2）精度检验包括几何精度和工作精度检验等，以保证满足设计或产品说明书和使用要求。

（3）试使用是测试家具产品的牢固性、稳定性和力学性能是否复合要求。

7.4.4　喷漆、包装

家具产品装配好之后，为了美观、防护和便于运输，还要做好喷漆、包装工作。

7.5　配件装配

家具的配件可分为铰链、连接件、滑道、位置保持装置、高度调整装置、拉手、脚轮、插销、锁等。根据圆竹家具的类型和用途，结合木质家具生产中的配件装配方法，介绍几种常用圆竹家具配件的装配方法和技术要求。

7.5.1　铰链的装配

圆竹家具柜门的安装形式主要有嵌门结构和盖门结构两种，因此铰链的安装形式也有很多种。安装明铰链的方法有单面开槽法和双面开槽法两种，如图7-12a所示。双面开槽法严密、质量好，用于中高档产品。安装暗铰链常用单面钻孔法，如图7-12b所示。安装门头铰链一般用双面开槽法。

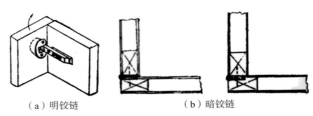

（a）明铰链　　　　　　　　　　（b）暗铰链

图 7-12　铰链安装

7.5.2　锁和拉手的装配

门锁有左右之分，而抽屉锁则不分左右。钻孔大小要准确，无缝隙，孔壁边缘光洁无毛刺。装锁时，锁芯突出门面1～2mm，锁舌缩进门边0.5mm左右，不得超过门边，以免影响开关。大衣柜门锁的中心位置在门板中线下移30mm，拉手的下边缘距锁柜的上边缘以30～35mm为宜；双门衣柜只装一把锁时，可装在右门上。小衣柜的门锁和拉手安装与大衣柜相同。抽屉不分左右，安装方法及技术要求与门锁相同。

7.5.3　插销的装配

1）暗插销

一般装在双门柜左门的左侧面上（不装门锁的门），将暗插销嵌入，表面要求与门侧边平齐或略低，以免影响门的开关，最后用木螺钉固定。

2）明插销

一般装在双门柜左门的背面，上下各一个，距离门侧边10mm左右，插销下端应距门上下口2～3mm，以免影响门的开关。

7.5.4　门碰头的装配

碰头适合于在小门上使用，一般装在门板的上端或下端，也有装在门中间的。在底板或顶（台面）板内侧表面装上碰头的一部分，在门板背面装上碰头的另一部分。对于常用的碰珠或碰头，门板上安装孔板，安装时，钻孔大小、深浅都要合适，并用木块或专用工具垫衬嵌入。孔板中心要挖一深坑，以便碰珠不至于顶住孔底。装配后要求达到关门时能听到清脆的碰珠响声和门板闭合后不自动开启的效果。

7.6　保证装配精度的装配方法

　　圆竹家具产品的精度要求，最终是靠装配实现的，用合理的装配方法来达到规定的装配精度，以实现用较低的零件精度达到较高的装配精度，用最小的装配劳动量达到较高的装配精度。装配精度直接影响圆竹家具展品的稳定性、牢固性和使用强度。因此，合理选择装配方法是装配工艺的核心问题。

　　根据圆竹家具产品的性能要求、结构特点和生产类型、生产条件等，可以采用不同的装配方法，保证产品装配精度的装配方法有互换法、选择法、修配法和调整法。

7.6.1　互换装配法

　　互换装配法是在装配过程中,零件互换后仍能达到装配精度要求的装配方法,产品采用互换装配法时，装配精度主要取决于零件的加工精度，装配时不经任何调整和修配，就可以达到要求的装配精度。互换法的实质是通过控制零件的加工误差来保证产品的装配精度。

1. 完全互换装配法

　　合格的零件在进入装配时，不经任何选择、调整和修配就可以达到要求的装配精度，这种方法称为完全互换装配法。

　　特点：装配质量可靠稳定，装配工作简单，生产率高，易实现装配机械化和自动化，以及易实现装配流水线和零部件的协作与专业化生产；有利于产品的维护和零部件的更换；但是，零件的技术要求高，零件加工相对困难，尤其是以圆竹秆为原材料时，相对一致的零件加工比较困难。

　　应用：主要应用于高精度的少环尺寸链或低精度的多环尺寸链的大批量装配。

2. 大数互换装配法（不完全互换法）

　　大数互换装配法（不完全互换法），是将组成构件或组件的公差适当加大，装配时有少量的组件、部件或零件不合格，留待以后分别处理。这种方法在圆竹家具中应用较多。

　　特点：在保证封闭环精度的前提下，扩大了组成环的公差，有利于零件的经济加工；装配过程和完全互换法一样简单、方便；部分零件需要进行返修，多用于要求不很严格的大批量圆竹家具生产。

7.6.2　选择装配法

　　选择装配法是将尺寸链中组成环的公差放大到径级可行的程度，然后选择合适的零件进行装配，以满足装配精度的要求。该装配方法适用于装配精度要求高而组成环数较少的成批或大批量生产中。

1. 直接选配法

直接选配法是在装配时，工人直接从待装配的零件中直接选择合适的零件进行装配，以满足装配精度的要求。优点是能达到很高的装配精度；缺点是工人凭经验和必要的判断性测量来选择零件，装配时间不易准确控制，装配精度在很大程度上取决于工人技术水平。适用于要求不很严格的单件小批量生产。

2. 分组装配法

分组装配法是当封闭环精度要求很高时，采用互换法解算尺寸链会使组成环公差很小，加工困难，这时可以将组成环公差按完全互换法求得后，放大若干倍，使之达到经济公差数值，然后按此数值加工零件，再将加工所得的零件按尺寸大小分成若干组（分组数与公差放大倍数相等），最后将对应组的零件装配起来以达到装配精度的要求。同组零件可以互换，所以称为分组互换法。特点：在装配时保证配合性质和配合精度均不变。主要适用于组成环数少而装配精度要求很高的部件。

分组时应满足的条件：①配合件的公差范围应相等，公差应同方向增大，增大的倍数等于分组数；②为保证零件分组后数量匹配，配合件的尺寸分布应为相同的对称分布；③配合件的表面粗糙度、形位公差不能随尺寸精度放大而放大；④分组数不宜过多，只把零件尺寸公差放大到径级精度即可。

3. 复合选配法

复合选配法是分组装配法和直接装配法的复合，即零件加工后先检测分组，装配时在各对应组内由工人进行适当的选配。特点：配合件公差可以不等，装配速度快，质量高，能满足一定生产节奏的要求。

7.6.3 修配装配法

修配装配法是指装配尺寸链中各组成环均按经济公差制造，但留出一个尺寸做修配环，以手工去除部分材料的方式改变修配环的尺寸，使封闭环达到规定的精度要求。

修配环主要用来补偿由其他组成环精度放大而导致的累积误差，所以也称补偿环。通常选容易修配加工、形状简单的零件，并且该修配件只能与一项装配精度有关。特点：能获得很高的加工精度，而零件的制造精度要求低，但增加了装配过程中的手工修配工作，劳动量大，工时不确定，不便于组织流水作业，装配的质量依赖于工人的技术水平。主要应用于单件小批量生产中装配精度要求高、组成环数较多的情况下。

7.6.4 调整装配法

调整法与修配法相似,尺寸链各组成环采用经济精度加工,由此引起封闭环精度较差,通过调节某一零件的位置或对某一组成环(调节环)进行更换来补偿。

与修配法采用机械加工的方法去除补偿环零件上的外层不同,调整法是采用改变补偿环零件的位置或更换新的补偿零件的方法来满足装配精度要求,两者的目的都是补偿由各组成环公差扩大后所导致的累积误差。该装配方法主要应用在批量生产中装配精度要求高、转配步骤较多的情况下。

调整的方法主要有以下几种。

1)固定调整法

在装配尺寸链中,选择某一零件为调整环节,根据各组成环形成累积误差的大小来更换不同尺寸的调整件,以满足装配精度要求,常用的调整件为木销、垫片、垫圈等。

2)可动调整法

在装配尺寸链中,选择某一零件环为调整环,通过改变调整零件的相对位置来满足装配精度要求。

3)误差抵消调整法

在产品或部件装配时,通过调整有关零件的相互位置,将加工误差抵消一部分,以提高装配精度。

家具的装配在家具的生产体系中占据极其重要的位置,装配效率的高低对实际生产的效率具有十分重要的影响,进而会影响企业的实际生产成本。采用先进的装配技术和有效的装配技术,可以使得整个家具制造水平不断增加。随着家具制造水平的不断提高,家具加工技术不断发展,而装配技术相对发展较为缓慢。

在传统装配模式中主要采取手工装配的方式,此种方式也称为劳动型装配模式。然而国际通用标准中规定,单位时间内生产产品数量是衡量生产率的标准。因此为了提升生产率,现如今各行业都开始引入自动化生产技术,装配行业也不例外。这种机械化的装配方式和传统的劳动型装配模式相比,装配效率更高,能够为企业在相同时间内带来更多的生产价值,降低企业的生产成本,提升企业的盈利程度。其主要优势可以总结为以下几点:①固化企业工作流程,使生产工作变得相对简单,降低了工作人员的工作复杂度。②避免了外界因素对装配技术的影响,有效地提升了装配的质量和速度,减少了企业生产过程的工作量,降低了企业的生产和管理成本,实现了生产资源的合理配置。

第八章 圆竹家具表面装饰

圆竹家具进行表面装饰的目的是延长其使用寿命和提高美观性。通过表面装饰不仅可以防止圆竹家具表面腐蚀、脏污、划伤等，起到保护的作用，提高圆竹家具的耐久性，延长圆竹家具的使用期限；而且可美化圆竹家具，保持和改变圆竹家具原有的色泽或者花纹，使圆竹家具外观更加美观悦目。

8.1 圆竹家具表面涂饰

8.1.1 常用涂料

1）油脂漆

油脂漆是指以干性植物油为主体，经过氧化、高温熬炼以后，在催干剂的作用下，能在空气中自动氧化干燥成膜的涂料，是一种比较古老的漆，有悠久的使用历史。油脂漆涂饰方便，渗透性高，价格低，气味小，有一定的装饰保护作用。但漆膜干燥慢，硬度小，不容易打磨和抛光，属于低档漆，常用的油脂漆主要为清油，又称熟油。

2）酚醛树脂漆

酚醛树脂漆是以酚醛树脂或改性的酚醛树脂与植物油共同作为成膜物质，并加入催干剂，溶于有机溶剂的一类漆，没有颜料的为酚醛清漆，加入颜料可制得酚醛磁漆。一般酚醛树脂漆的性能取决于酚醛树脂的含量，树脂含量越高，漆膜性能越好。酚醛树脂漆的漆膜光泽、硬度较好，具耐水、耐酸碱等性能，易施工，价格低。但颜色深，漆膜容易泛黄，干燥速度慢，且干燥以后仍有黏性、不爽手，易沾灰尘，光滑度差，因此不能用于中高档家具的表面涂饰。

3）醇酸树脂漆

醇酸树脂漆是以各种油度醇酸树脂或改性醇酸树脂为成膜物质，加入催干剂、溶剂等制成的一类漆。醇酸树脂漆的性能主要取决于醇酸树脂的性能。醇酸树脂漆具有良好的户外耐久性，漆膜平整光滑，具有一定耐热、耐水与耐液性。但涂层干燥慢，漆膜不耐碱、硬度较低，不能进行磨砂及抛光等处理，因此在中高档家具中已很少使用。

4）天然树脂漆

天然树脂漆是指以天然树脂为主要成膜物质，加入有机溶剂、催干剂等物质等制成的一类漆，主要有虫胶漆和大漆。虫胶又称为紫胶，是寄生在热带某些植物上的紫胶虫的分泌物，是一种含有较多羧基、羟基的复杂高分子化合物，只溶解在醇类溶剂中，特别是乙醇溶剂，在酮类溶剂中只能微量溶解，不溶于油脂、苯类和烃类溶剂。虫胶漆是指虫胶的乙醇溶液，具有很好的封闭和隔离作用，其涂层干燥快，能形成持久、坚硬和富有弹性的漆膜，施工方便，可刷可喷，所以常作为封闭隔离底漆、着色及修色黏合剂使用。

大漆又称生漆、国漆、土漆等，是我国的特产，已有数千年的生产应用历史。大漆是从生长的漆树上采集的一种乳白色黏性乳液，是漆树的一种生理分泌物，经过净化除去杂质后，即可使用。大漆主要由漆酚、漆酶、树胶质和水分等组成。大漆具有独特的耐久、耐酸、耐水、耐磨等性能，漆膜坚硬、光亮，具有很好的附着力、电绝缘性和一定的防辐射性能，无毒、环保（邓志敏，2014）。但大漆价格贵、成本高，漆膜柔韧性及耐紫外辐射性能差，对施工环境要求苛刻，且工艺烦琐复杂，同时成分中的漆酚有毒，容易引起皮肤过敏。

5）丙烯酸树脂漆

丙烯酸树脂漆（PA）是以各种丙烯酸树脂作为主要成膜物质的一类漆。其漆膜机械强度高、保光性强、耐热、耐寒、透明度好，经磨砂、抛光处理后光滑明亮，具有很好的装饰效果。但丙烯酸树脂漆的原始光泽不如醇酸树脂漆和聚氨酯树脂漆，且价格高，多用在装饰性要求高的家具上。

6）硝基漆

硝基漆（NC）又称硝酸纤维素漆、蜡克、喷漆，是以硝化棉（硝酸纤维素酯）为主体，加入合成树脂、增塑剂及混合溶剂等制成的漆。硝基漆的优缺点都很突出，涂层干燥快，施工方便，装饰性能好，漆膜坚硬耐磨、机械强度高，且有一定的耐水、耐油、耐污染及耐稀酸性。但由于固含量低，漆膜丰满度差且容易受施工环境温湿度影响，同时挥发分含量高，漆膜耐碱、耐溶剂性能差，耐热、耐寒性也不高。

7）聚氨酯树脂漆

聚氨酯树脂漆（PU）又称聚氨基甲酸酯树脂漆，是指涂膜分子结构中含有氨酯键（—NH—COO—）的一类漆。聚氨酯树脂漆的漆膜有很好的硬度、耐磨性、附着力，耐化学腐蚀性能优异，也有很高的耐热、耐寒性，涂层不仅能在高温下烘干，也可以在低温中固化，还可以通过调整组分比例获得不同柔韧性及硬度的漆膜。但聚氨酯树脂漆的价格高，且属于多组分漆需调漆而使用不便，有些含有毒物质（TDI），组分中含有很活泼的异氰酸酯基团，需密封存储，同时涂层表干快、实干慢，施工中需控制涂层间的涂饰间隔时间等。

8）不饱和聚酯漆

不饱和聚酯漆（PE）是以不饱和聚酯树脂为主要成膜物质，通过引发剂、促进剂与活性单体发生自由基的交联聚合反应而生成性能独特的不饱和聚酯漆膜的一类漆。不饱和聚酯漆没有溶剂，固含量高，可以一次获得厚漆膜，漆膜丰满、光泽度好、坚硬耐磨，且有良好的耐水、耐热、耐化学腐蚀特性，不仅具有良好的保护性能，还具有很好的装饰性能。但不饱和聚酯漆组分复杂，存贮及使用麻烦，且配漆后的施工时限短，涂层对底层要求高，涂层一般只能与PE漆或双组分PU漆的底漆配套使用。

9）光敏漆

光敏漆（UV）也称为紫外光固化涂料或光固化涂料，是利用紫外光先引发光敏剂生成自由基，再引发树脂固化成膜的一类漆。光敏漆的涂层能够快速固化成膜，现代光敏漆能在几秒钟达到实干，容易实现机械化、自动化的大批量生产，涂装施工周期短，且没有施工时间限制；固含量高，漆膜具有优异的性能，如坚硬耐磨、耐溶剂、耐化学药品等性能。但光敏漆不适合形状复杂的零部件，形状复杂导致紫外光照射不到，漆膜不能固化，也需要慎重选择颜料或填料，紫外光照射可能会产生褪色或涂层变黄，有紫外光泄漏的安全隐患，同时光敏漆的生产成本较高，因为要投资紫外光固化装置及紫外灯管等易耗品。

10）水性漆

水性漆（W）是指成膜物质溶于水或分散在水中的漆，分为水溶型和水乳型两种。水溶型漆是指将水溶性树脂均匀地溶解于水中形成的漆；水乳型漆是将直径为$0.1 \sim 10.0 \mu m$的树脂粒子团分散在水中形成乳液而制成的漆。水性木器漆是指应用在家具、橱柜、门窗、地板、玩具和木器工艺品等领域的一类漆。水性漆具有调漆方便、无毒环保的优点，水性漆的使用能够改善施工条件，保障施工安全，是今后涂料发展的方向之一。在目前阶段，与溶剂型漆相比，水性木器漆固化机理发生根本改变，施工过程中的设备需要更新，价格较高，且漆膜性能存在差异，同时，涂饰技术、国家标准和行业标准都还有待完善（朱毅，2012；张山，2016）。

8.1.2　涂饰工艺

1）基材处理

涂饰前基材应该平整、干净、无缺陷、颜色均匀，但竹材是一种天然材料，表面存在各种缺陷如变色、腐朽、蜡质、开裂、虫蛀等，直接影响圆竹材料的表面装饰质量和档次，所以必须对圆竹材料表面进行合理的优化处理，使得竹材表面平整，如图8-1所示。利用砂轮对圆竹表面进行打磨，消除竹材表面影响漆膜附着力或涂层固化的物质或因素，减小竹材表面的颜色差异或使竹材表面带有某种需要的颜色。

图 8-1　圆竹表面砂光处理

　　对于圆竹材料表面一些细小的缺陷如裂缝、虫眼、钉眼等，可用腻子嵌补。用碳酸钙、滑石粉与胶、油、猪血及各种漆，再加入着色颜料调配成胶腻子、油腻子、猪血腻子或虫胶腻子、硝基腻子、聚氨酯腻子、聚酯腻子等，可根据需要选用。如图8-2所示，通过对圆竹表面嵌补腻子和媒介剂提高竹材表面平整度，并增加漆膜的附着力。竹家具上常用的虫胶腻子用75%的碳酸钙、24%的虫胶漆（浓度为15%～20%）和约1%的着色颜料调配而成，虫胶腻子嵌补孔、缝，干燥快，附着力强，并且打磨方便，着色性能好。

（a）嵌补腻子与媒介剂的圆竹家具　　　（b）嵌补腻子与媒介剂的圆竹表面
图 8-2　圆竹家具表面嵌补腻子与媒介剂

2）涂饰涂料
不同涂料涂饰的工艺过程繁简不一，但都需要使涂层平滑、光亮并达到一定厚度，一般涂饰包括底漆涂饰、色漆涂饰和面漆涂饰。

底漆涂饰是指在整个涂饰过程中开始涂饰的几遍漆或特指紧接着基材处理后的第一遍漆，第二遍漆称二度底漆，常涂饰2~3遍。底漆涂饰要兼顾基材和面漆，要根据要求和涂料性能选择底漆，同时要注意底漆和面漆的配套，避免底漆和面漆不配套而影响涂饰质量。封闭底漆常采用一些固含量和黏度都很低且渗透性好的底漆涂料。封闭底漆涂饰主要起到阻止基材吸湿散湿，防止上层涂料与溶剂渗入，改善整个涂层附着力的作用。封闭底漆多用聚氨酯漆和硝基漆，聚氨酯漆的封闭作用更好。二度底漆是漆膜的构成主体，底漆涂饰可避免面漆涂层被基材吸收而影响成膜、失去光泽（朱毅，2012）。

色漆涂饰包括涂层着色或面着色两种工艺，都需要在封闭底漆或者二度底漆上涂饰色漆，涂层着色和面着色要求不同，涂饰工艺也不同。涂层着色主要是调整颜色，要求该层薄一些，色漆固含量低，透明度好，一般涂饰一遍即可，图8-3即为涂层着色。对于透明涂饰中有色透明面漆涂饰，最终外观颜色不仅与有色透明面漆颜色有关，而且与涂漆量有关，一般涂漆量越大，涂层越厚，颜色越深；不透明涂饰中，面着色与面漆涂饰相似，常涂饰两遍，以确保颜色准确。

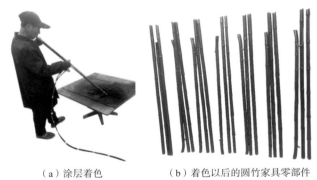

（a）涂层着色　　　　　　（b）着色以后的圆竹家具零部件

图 8-3　圆竹家具表面涂层着色

面漆涂饰是指整个涂饰过程中最后涂饰的几遍漆，决定了漆膜的物理化学性能，尤其是视觉外观效果。面漆涂饰过程中要确保底漆完全固化，且底漆干燥以后要精细研磨，以获得较好基面，为面漆涂饰打好基础，通常面漆涂饰1~2遍。

目前，圆竹家具涂饰仍旧采用比较落后的作坊式操作，应该借鉴木家具行业比较先进的涂饰方式，如静电喷涂等（图8-4）。

（a）静电喷涂室　　　　　（b）采用静电喷涂的家具零部件

图 8-4　静电喷涂

3）漆膜修整

在涂饰过程中，受一些因素影响，通常不同的涂层都会出现微观不平，在涂饰每一层涂料前需要减小或者消除这些不平，这就需要对已经固化成膜的涂层进行修整，以使最终产品表面质量满足要求。

漆膜的修整通常采用砂光和抛光的方法来实现。漆膜砂光包括中间漆膜砂光和面漆漆膜砂光。通常中间漆膜干燥以后都需要砂光，减少或者消除一些如气包、针孔等缺陷及不平。面漆漆膜砂光是磨掉表面较大的突出部分，减小微观不平，同时，漆膜的厚度相应减少，包括湿法砂光和干法砂光两种方式。湿法砂光常用肥皂水作冷却润滑剂，洒在漆膜表面，采用特制的耐水砂纸进行砂光；干法砂光是指在干燥状态下对漆膜进行打磨。一般砂光以后的漆膜表面仍有细微的不平，要获得镜面光泽就需要对漆膜进行抛光处理。抛光处理要求干燥以后的漆膜具有一定的硬度（戴信友，2008）。

8.2　竹　　刻

竹刻也称为竹雕，有着悠久的历史，据记载西周时期就已经出现削竹为简、刻竹纪事，现在已知较早有高度文饰的实物是湖南马王堆一号西汉墓出土的彩漆竹勺（王世襄，2013），湖南19号战国墓出土的春秋战国时期盛酒器"卮"，也为竹子材质（张云林，2017）。竹刻常与诗歌、书法相结合，而且发展到宋代时期雕刻水平和技法已相当高超，所雕作品无论体积大小，均注重神情表达且造型生动活泼（薛黎静，2012）。竹刻艺术到近代发展相对缓慢，但是随着经济发展和政府提倡继承、发扬优秀传统文化及艺术，近些年竹刻艺术品市场越来越活跃。随着圆竹家具的发展、档次的提升，竹刻越来越多地应用在圆竹家具上。

8.2.1　雕刻用材要求

竹子种类繁多，毛竹因为直径比较大，而且质地坚硬，适合作为竹刻的材料。

由于毛竹的强度在生长初期逐渐增强，3～5年达到稳定，因此竹刻一般选择3～4年的竹子，太嫩或者太老的竹子都不适宜做竹刻制品。太嫩的竹子，由于木质化程度比较低，过于柔软而经不起雕琢，而且呈现不出竹材特有的细致纹理；太老的竹子，质地粗糙、坚硬，但不够细腻，雕刻时不好把握用刀力度，增加雕刻难度的同时也容易损坏刀具（薛黎静，2012）。由于竹子在不同的生长季节中糖类等物质会有差异，因此采伐时间最好选择在冬季，因为冬季竹子新陈代谢速度慢，含有的糖类物质少，此时采伐有利于竹子的保存。

8.2.2　雕刻类型

现在竹刻有传统的手工雕刻和机器雕刻两种。手工雕刻采用的传统雕刻技法，由雕刻艺人通过师徒相授的方式传承下来。随着竹雕产业的发展与加工技术的进步，机器雕刻应运而生，打破了传统手工雕刻效率低和技艺水平受人工经验限制的瓶颈，能够将竹刻产品批量化、规模化生产，满足了市场需求。不过手工雕刻的竹刻作品带着工匠的情感和艺术修养，有思想、有灵魂，具备不可复制性和唯一性的特点；机器雕刻出来的产品具有程式化、批量化的特点，缺少灵动性和独创性，艺术性、创造性含量较低（薛黎静，2012）。

对于传统的手工雕刻来说，工具没有具体规定，王世襄（2013）曾经说："刻竹用刀，原无定形，以合手为佳。刻者不妨于操作中据所需求，酌定式样，自行磨制"。传统手工雕刻常用的工具一般是各种规格的刀，包括竹刀、刮刀、平口刀、斜口刀、凹刃卷铲、宽刃铲刀等。

8.2.3　雕刻方法

雕刻技法有多种，有平面雕刻和立体圆雕两大类。

1）平面雕刻

平面雕刻即在竹材表面进行雕刻，应用比较广泛。平面雕刻包括阴文和阳文两种，阴文为由浅到深的雕刻技法，包括毛雕、浅刻、深刻、陷地深刻；阳文为由低到高进行雕刻，包括留青、浮雕、透雕。

毛雕、浅刻、深刻统称为线雕，是竹刻中常用的技法。毛雕、浅刻多用来精细刻画人物面部、发丝、衣纹或其他线痕部位，用于刻画细致的小纹痕，尤其可增加人物面部表情及飞鸟走兽的灵动性，可体现雕刻艺术家的技术精湛程度。深刻，一般用于雕刻名人书法类作品，其刀痕清晰，可将书法中或沉稳宁静或狂草张扬的气势表达得淋漓尽致（薛黎静，2012）。图8-5展示了抽屉面板的雕刻装饰。

图 8-5   雕刻装饰圆竹画案

陷地深刻是比一般深刻更深的雕刻技法，其中地指竹皮，物象深陷竹肌，是凹刻中最具有立体感的一种，是综合运用了圆雕、透雕、高浮雕等技术的一种立体化雕刻。这种工艺雕刻出来的物象可以展现五六层甚至更多层，可达3cm，与阴文中深刻不同（廖文伟，2014）。这种雕刻工艺多见于荷花、晚菘等的雕刻，但在乾嘉之后就很少见了。

留青也称为皮雕，是利用竹子表面的一层青筠制作雕刻图纹，把图纹外的青筠铲去，露出竹青下面之竹肌的技法（王世襄，2013；汤蕾，2017）。竹筠开始颜色浅，逐渐变成微黄色，竹肉则时间越久颜色越深，利用竹青与竹肉的质地和颜色差异呈现出图文。留青竹刻融合了书法、绘画、雕刻等多种艺术形式，通过对竹青筠的多留、少留、微留、不留来区分画面的明暗层次、浓淡变化，在薄薄的仅1mm的竹青上表现出"墨分五色"的韵味，称得上是"竹皮上的中国画"，为中国传统工艺的瑰宝（潘柯，2015）。

浮雕是指在刮去竹青筠的坯料上进行雕刻，雕刻的纹饰突出底面，深度不超过蜜玉部分，该种浮雕也称为"薄地"（盛学锋，2005）。浮雕根据其立体程度可以分为浅浮雕和高浮雕。浅浮雕所雕刻出的物象起伏较为平缓，平面感较强，利用底面与凸起的纹饰形成一定的色差和不同的厚重质感，随着把玩时间越久，凸起部分越发明亮，而凹进去的部分则越发深沉（薛黎静，2012）。高浮雕雕刻出的物象起伏较大，深浅对比更为强烈，立体感较强，对于形象的塑造有着较强的表现力，在使用过程中，这类作品凹入部分容易落灰而不好清理。图8-6和图8-7展示了圆竹家具的浮雕装饰，图8-6中圆竹椅的扶手和靠背都为浮雕装饰，图8-7中竹鼓凳的牙子为浮雕装饰。

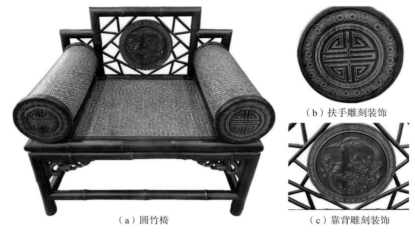

（a）圆竹椅

（b）扶手雕刻装饰

（c）靠背雕刻装饰

图 8-6 浮雕装饰圆竹家具

图 8-7 浮雕装饰竹鼓凳

　　透雕是在浮雕的基础上，保留凸起部分，将底面部分进行局部镂空成型，能比较好地表现出竹刻意境。透雕分为单面透雕和双面透雕，单面透雕即只刻正面，双面透雕是将正反面的物象都雕刻出来（潘柯，2015）。透雕的难度相对较大，层次较上述几种方法更为丰富。图8-8～图8-10中牙子即为透雕，还可以用不同类型雕刻配合装饰，图8-8中双人竹榻的牙子为透雕，靠背为浮雕。

图 8-8　浮雕和透雕装饰双人竹榻

图 8-9　透雕装饰单人竹榻

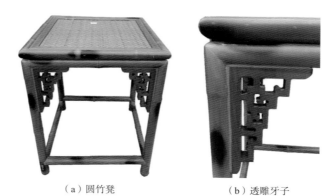

（a）圆竹凳　　　　　　　（b）透雕牙子

图 8-10　透雕装饰圆竹家具

2）立体圆雕

立体圆雕（图8-11）是指从四周角度观看都是完整的立体形式的雕刻，是一种三维空间雕刻，是竹刻中难度最高的。这类雕刻大多应用于竹根雕，根据竹根的自然形状进行造型设计，并且需要根据材料本身的情况进行随时调整。

图 8-11　立体圆雕

8.3　竹　　编

竹编最早可以追溯到新石器时代，从发现最早的竹编制品至今已经有5000多年的历史。据考古资料证明，在原始社会，人类从事简单的农业和畜牧劳动，所收获的米粟和猎取的食物有了剩余，为了不时之需，将食物保存，就发明了编织和制陶，人们用石刀、石斧等原始工具，砍来竹子、藤条，编成篮、筐和其他物件，用以盛放食物（涂慷，2014）。古人充分利用竹篾有韧性、易成型、坚固耐用等特点，将其用于生活中的各个领域，从保护河堤、生活器皿到手工艺品，同时将这种民间手工工艺发展到炉火纯青的程度。经过多次的尝试，人们发现竹子相对于其他植物，具有良好的劈篾性能和柔韧性且坚固耐用，是用来编织的良好选择，于是人们便广泛地运用竹子作为编织器皿的主要材料。

随着几千年的传承与发展，竹编具有明显的地域性（张雨浥等，2018），各地的编织技法与编织纹样都非常丰富和具有文化内涵（吴婕妤等，2020a，2020b），在家具设计与制造中引入传统竹编工艺元素，有助于实现传统手工艺活化和家具行业生态化（徐冰，2019），图8-12中圆竹家具的桌面、柜体、衣架及椅子的座面都为竹编在圆竹家具中的应用。

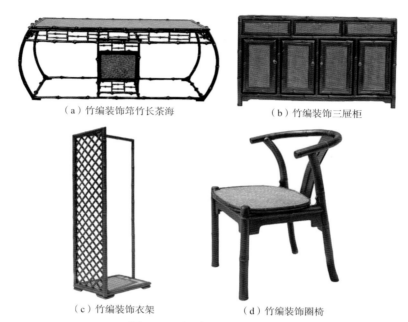

（a）竹编装饰筇竹长茶海　　　　　　（b）竹编装饰三屉柜

（c）竹编装饰衣架　　　　　　（d）竹编装饰圈椅

图 8-12　竹编装饰圆竹家具

8.3.1　竹编类型及工艺流程

1）竹编类型

竹编有着不止一种分类方式，按织篾的粗细可以分成粗丝和细丝竹编，或者按外观造型分为平面、立体和半平面半立体竹编。平面竹编是指编织成面的竹编产品，是不需要安装圈口、提手等支撑部件的竹编。通过变换经篾放入纬篾的规律，能够展现出古家手迹、风景名物、诗书奇画等图案，用来制成中堂、壁挂、立屏、横幅、楹联等，如图8-13所示竹编骏马图。

图 8-13　平面竹编画

立体竹编指用篾丝编织成圆形、方形、三角形或其他立体造型的竹编，产生层次感、丰富感强的效果，同时具有实用价值、艺术造型和观赏价值。立体器物竹编可分为以下几类。罐类：茶杯、糖缸、茶叶罐等。篮类：花篮、菜篮、鱼篮、鸡篮、果篮、淘米篮等。盒类：化妆盒、水果盒、月饼盒、腌腊食品盒、酒类包装盒、药材盒等。箱类：书箱、旅行箱、保险箱等。帽类：斗笠、遮阳帽、竹丝鸭舌帽、女士花帽等。灯类：有圆形、椭圆形、圆筒形、盆式、方形等各种样式的灯罩等。除了立体器物竹编，还有立体人物竹编、动物竹编和风景竹编，这类立体竹编通常是有胎竹编，以木胎、布胎、竹编胎、瓷胎等作为内模，将细篾丝围绕塑造好的形状进行编织，如图8-14所示的布胎竹编蘑菇灯和瓷胎竹编茶具。是否有各种材质的内模是立体竹编和平面竹编的最大区别。

　　　（a）竹编灯　　　　　　　　　　　（b）瓷胎竹编

图 8-14　立体竹编

　　半平面半立体竹编是平面与立体编织的组合，它在结构形式与编织方式方面都是两种以上，且对材料大小的运用不一样。

　　2）竹编工艺流程

　　竹编工艺是一项不拘泥于形式的传统艺术，不同地区、不同竹编艺人有不完全相同的竹编工艺流程，即没有明确的竹编工艺步骤。总的来说，竹编工艺流程分为三部分——竹编设计过程、竹篾（丝）加工过程和编织过程。竹编设计过程包含纹样设计、尺寸计算、模型制作和用料估计。

　　竹篾（丝）加工过程的首要步骤是对竹子进行严格的筛选。不同的地域和气候，会孕育出不同类型的竹子，不同种类的竹材有不同的特点，如四川地区常用竹编竹种为慈竹。在选料时应该注意三个方面，首先，选择生长在背面阴山的竹子，一般竹龄以3年的为好，一年生的竹子质地太嫩，4年以上的老竹质地变脆易断；其次，竹秆通直，节间稀长，头尾粗细差距不大；最后，采伐应避开春分至芒种这段时间，因为此时竹子含糖分较多，最易生虫（郑传良，1997）。为了提升作品感染力，配合竹编纹样形成色彩明与暗、线条粗与细、光与影的对比，也会对同一根竹子的竹秆肌理、竹青与竹黄的不同色泽等进行选择。

竹篾（丝）加工过程常用的一些工艺流程如下。卷节：用篾刀去掉竹材的凸起部分，确保得到的原料圆滑平顺。刮青：去除竹子表面的青色胶质层。剖竹（开片）：根据所需的竹篾大小将竹子剖成宽度为2～5cm的竹条。分篾：将加工好的竹片劈成较薄的篾片。劈丝：在分篾的基础上将篾片纵向细分。三防处理：将竹篾分好，放入沸水或化学溶液中蒸煮，增加竹篾的柔软度，去除青色有机物和糖分，防止发霉、虫蛀、开裂变形，在此过程进行的同时还可以进行染色处理。抽篾：即去掉竹丝多余之处，使得两边出丝均匀。

编织过程中根据编织类型不同，编织工序有所不同。在编织过程中，通常将纵向摆放的竹篾称为经条，横向摆放的竹篾称为纬条，通过将经条和纬条不断地挑压、穿梭来进行编织。

常用的平面编织技法有十字编织、矩形编织、米字编织、人字交叉编织、龟背编织、斜纹编织等。十字编织法是最基础的编织手法，将经条与纬条垂直相交，纬条穿于经条下三根，压于经条上一至三根，构成平行直线纹与大方格纹，编出十字纹样。矩形编织法是将若干根竹篾平行列为经条，再将纬条分不同道数上下压住，织成长方方形的空花纹样（刁婷婷，2009）。六角编织法需要用宽窄一样的竹篾片作为经纬线进行编织，需要从菱形的上角和下角两个地方出发，从中间横插一至三根经条竹篾片，最终编织成空心状的六角形图案，如图8-15a所示。还可以将不同的编织方法融合，创新出新的编织纹样，如图8-15b所示的六角编织和米字编织相结合的方法。人字交叉编织法是将经篾片靠拢在一起，编织纬篾片的时候，要抽出两根经篾片再隔两根经篾片后又抽两根经篾片，以此类推。当使用的竹篾片较细时，可间隔的根数多一点，可以抽3隔3等，但不可过多，否则会影响效果，不够密集，每一根竹篾片都需要收紧。龟背编织法编织出来的图案像极了乌龟背，是一种特殊的密编制方法，通过三向篾片互相交织而成，该方法编织出来的竹器，不仅美观，还相当牢固，装饰性极强，如图8-15c所示。

　（a）六角编织法　　　　（b）六角+米字编织法　　　　（c）龟背编织法

图 8-15　平面编织技法

不同的编织技法能够形成不同的装饰效果，如图8-16所示家具的竹编装饰。

图 8-16　竹编装饰圆竹家具

　　采用立体竹编编织的产品均为立体图形，主要有三大工序：起底、编织、锁口。首先要根据产品的大小设计出相应的模具，再按照模具进行编织。起底即编织产品底部，以一定数量粗细相近的竹篾作为骨干，相交编织成圆形，然后再编织不同的底面；筒身编织以经纬编织法为主，在此基础上穿插不同的技法，丰富编织的图案；锁口是在边缘处固定厚竹篾进行缠绕固定，对开口处进行加厚处理，锁口之前需将模具取出，如图8-17所示的不同类型的竹编灯具。此外，平面竹编和立体竹编还可以结合应用在家具上，如图8-18所示。

图 8-17　竹编灯具

图 8-18　平面竹编和立体竹编在家具中的应用

8.3.2　竹编纹样

竹编纹样结合竹编工艺、竹编材质共同形成竹编美，竹编纹样是竹编美最直接的表达方式。传统竹编纹样通常分为几何纹样、文字纹样、花草植物纹样、动物纹样、人物故事纹样等，这些纹样都具有深刻的文化寓意。将不同的竹编纹样应用在家具的装饰中，不仅能够使家具更加美观，还能使其具有丰富的文化内涵（图8-19）。除了可以根据纹样本身进行分类，还可以按照纹样装饰部位将纹样分为整体纹样和局部纹样，局部纹样有边角纹样和收口纹样。

（a）竹编纹样在坐墩上的应用　　　　　　（b）竹编纹样在储物柜上的应用

图 8-19　不同竹编纹样在家具中的应用

目前，竹编在家具上主要应用在非承重的面层结构上，常用的有十字编织、人字编织、六角编织等编织技法。相对于竹编工艺和竹编纹样的丰富多样，在圆竹家具上应用的竹编编织技法和纹样都比较少，还需要进一步促进不同竹编工艺和竹编纹样在圆竹家具上应用。

8.4　圆竹家具其他装饰

8.4.1　镶嵌

镶嵌是指将一种小的物体嵌在另一种大的物体上。家具的镶嵌是指将不同色彩、不同质地的竹材、木材、石材、兽骨、金属、贝壳等材料加工拼接成花草、山水、树木、人物等各种题材的艺术图案，嵌入到已经铣刻好相应图案外形轮廓的家具零部件表面上，与家具零部件基材表面形成明显的对比，从而获得特殊的装饰效果。

1）镶嵌材料

镶嵌的原材料非常丰富，凡是可与基材色彩形成鲜明对比的材料都可以用于镶嵌，如木材、石材、兽骨、金属、贝壳及其他材料。

木材是一种自然界分布较广的天然优质材料，具有天然的纹理色泽，易于加工和表面涂饰，是一种非常适合进行镶嵌的材料；由于雕刻是镶嵌的基础，因此镶嵌所选用的木材需要材质致密细腻，变形小，有良好的硬度，雕刻过程中不易崩裂、不易起毛，便于修整光滑，满足雕刻工艺的要求。

石材也是良好的镶嵌材料，有天然石材和人造石材两种。天然石材有大理石和花岗岩两类，很多天然石材都具有优异的理化性能，耐磨、耐酸碱、不易变色、不易污染，且花纹美丽，装饰效果好；与天然石材相比，人造石材具有结构致密、比重轻、不吸水、色泽鲜艳、色差小等优点，且制造工艺简单，成本低，但人造石材没有天然石材自然和丰富的色泽、纹理，不耐高温，硬度小不耐磨，易老化龟裂，有的会存在气泡，装饰效果较差。

镶嵌金银技术可以追溯到上周时期，是由上周时期青铜器上的镶嵌发展演变而来的。各种金属都具有其独特的装饰性能，结合家具基材的特征，利用不同金属的特性可进行镶嵌创作；另外，金属还具有优异的理化性能，且色泽华丽，一直为良好的镶嵌装饰材料。

镶嵌所用的骨材包括牛骨、大鱼骨、象牙（图8-20）和各种其他动物的骨骼。骨嵌要求图案造型制作精良，保持多孔、多枝、多节、块小而带棱角，既宜于胶合，又可防止脱落。

图 8-20　象牙镶嵌

选用贝壳作为镶嵌材料的镶嵌装饰工艺又称为螺钿镶嵌。所谓螺钿，是指用螺壳与海贝制成薄片镶嵌于基材表面的装饰工艺。常用的螺钿材料主要来源于淡水湖和咸水海域，有螺壳、海贝、夜光螺、三角蚌、鲍鱼螺等。一般质地厚泽而色彩不浓艳的老蚌用于硬钿，而软钿多选用色彩浓艳的鲍鱼螺与夜光螺。除此之外，还可镶嵌陶瓷、玻璃等非天然材料，甚至不同类型、不同色彩的各类蛋壳（朱毅，2012）。

当前，镶嵌装饰多用在工艺品上，如图8-21所示，用在圆竹家具上的尚不多。

图 8-21　螺钿镶嵌臂搁

2）镶嵌工艺

由于镶嵌材料与镶嵌类型不同，镶嵌工艺技术也有较大差异，有平嵌、高嵌和百宝嵌三种。平嵌是指在基材表面雕刻出和镶嵌图案相对应的凹槽，将拼接、雕刻好的图案嵌粘在相应的凹槽中，且嵌件和基材衬底高度齐平，是最常见的镶嵌工艺（图8-22）。高嵌是指根据装饰要求，雕刻出相应凹槽，将嵌件粘贴在凹槽，嵌件的表面再施加相应的毛雕，嵌件表面高于衬底，这种嵌法具有凸起效果，因此花纹图案具有很好的立体感，但容易磨损，因此较平嵌应用少（图8-22）。百宝嵌是指选用两种以上的材料，通过雕刻、镶嵌形成各种艺术装饰图案。百宝嵌选用的材料非常广泛，如贝壳、翠玉、象牙、彩石、翡翠、珊瑚等，由于材料丰富，且不同的材料有不同的颜色和质地，因此制作图案更为复杂，要求工匠能够根据装饰要求正确选择材料和制作图案，并且具有超高的制作工艺（陈瑶，2006）。

（a）平嵌　　　　　　　　（b）高嵌

图 8-22　镶嵌工艺类型

8.4.2　烙花

烙花，亦称"烫花"、"火笔花"，利用炭化原理通过控温技巧，不施任何颜料或采用以烙为主、套彩为辅的表现手法，在竹木、宣纸、丝绢等材料上勾画烘烫，把中西绘画艺术融为一体，形成独特的东方艺术风格。烙花是一门非常古老的装饰艺术，它能发展至今，主要因其工艺简单，制造成本低，且整体装饰效果近似中国传统水墨画，如图8-23所示圆竹椅座面上的烙花图案。

图 8-23　圆竹椅座面烙花装饰

不同的烙花方法能形成不同的装饰效果，按照方法烙花可以分为烫绘、烫印、烧灼和酸蚀。烫绘是在基材表面用烧红的烙铁头绘制各种纹样和图案；烫印是用表面具刻纹的赤热铜板或铜制滚筒在基材表面上烙印花纹图案；烧灼是直接用激光光束或者喷灯火焰在基材表面上烧灼出纹样；酸蚀是用酸腐蚀基材的方法绘制纹样。近些年还发展出激光雕刻烙花工艺，它是将激光作为热源，对材料进行烧蚀、去除，当激光照射到材料表面，大部分光被材料吸收转化成热能，对材料起到加热作用，在材料表面加工出不同的图案、花纹或者文字等。

目前，烙花主要应用在工艺品、日用品等领域，圆竹家具上应用相对较少，但随着激光雕刻等技术的发展，其在圆竹家具上将具有很大的应用前景。

8.4.3　锔竹与天然装饰

"锔竹"是由"锔瓷"引申而来，"锔瓷"是指用金、银、铜或铁制成的锔钉连接破碎的瓷片或瓷器裂缝两边，以此对瓷器裂缝进行修补，或结合锻铜工艺及镶嵌工艺修补缺损处。锔瓷在明清时期广泛使用，通过锔瓷，不仅能够修缮瓷器，而且使其更加精美绝伦，于是在达官贵族间逐渐兴起了"锔活秀"，借工艺物件的精巧来显示个人财富与尊贵，甚至将没有损坏的器物也特意弄破再锔好用来比秀（黄思洁，2016）。

锔竹是指利用金、银、铜或铁制成的锔钉连接圆竹裂缝两边或破碎的竹片，以此对开裂的圆竹进行修补，同时达到装饰的效果，如图8-24所示。

图 8-24　锔竹

另外，一些具有特色的天然竹子可以作为装饰用品，如将箬竹节制作为抽屉的拉手（图8-25），不仅天然环保，而且能够起到装饰的作用，别有一番趣味。

（a）箅竹节　　　　　　　（b）箅竹节作为抽屉拉手

图 8-25　箅竹节的装饰

　　圆竹家具表面装饰有很多种，如表面涂饰、竹刻、竹编、镶嵌等，每一种的装饰效果又随着处理工艺的不同而千变万化，但每一种装饰都存在需要解决的技术难题。目前圆竹家具表面涂饰的主要困难在于如何让涂层能够很好地附着在圆竹表面，有相关企业通过对圆竹表面进行处理及添加媒介剂的方法来提高漆膜的附着力，但关于圆竹表面涂饰的研究仍旧很少，还需要从基材处理、涂料工艺等多方面入手，参考如木家具行业先进的技术手段来提高竹材表面涂饰的生产效率、涂饰质量及装饰效果。竹编和竹刻在圆竹家具上的应用比较多，但装饰类型有限，作为丰富民族文化的载体，竹刻和竹编传承下来的技法、纹样十分丰富，可拓宽其在圆竹家具上的装饰应用。另外，还要关注其他的装饰方法，如镶嵌、烙花等在圆竹家具上应用非常少，可以通过促进装饰手段的应用，同时开发圆竹家具特有的一些装饰方法，从而增加圆竹家具表面的美观、提高圆竹家具的附加值。

参 考 文 献

陈利芳, 苏海涛, 刘磊, 等. 2007. 11 种竹材的防腐可处理性能和天然耐腐性能试验. 广东 林业科技, 23(1): 34-36.

陈瑶. 2006. 中国传统家具镶嵌艺术及现代化技术的研究. 长沙: 中南林业科技大学硕 士学位论文.

陈哲. 2005. 传统竹家具的结构改进研究. 长沙: 中南林业科技大学硕士学位论文.

戴信友. 2008. 家具涂料与涂装技术. 北京: 化学工业出版社.

邓志敏. 2014. 湿热环境下大漆涂饰竹材防潮机理研究. 北京: 中国林业科学研究院博 士学位论文.

刁婷婷. 2009. 传承与衍生——由竹编试论未来可持续发展的造物方式. 北京: 中央美术 学院硕士学位论文.

费本华. 2019. 践行新理念, 提速竹产业. 世界竹藤通讯, 17(2): 1-6.

费本华. 2020. 建立国家竹材仓储机制. 世界竹藤通讯, 17(6): 1-4.

冯怡. 2008. 四川传统竹家具研究. 成都: 西南交通大学硕士学位论文.

高黎, 王正, 蔺焘, 等. 2012. 测试方法对毛竹顺纹抗剪强度的影响. 木材工业, 26(3): 48-54.

顾宇清. 2005. 家具——适合生活的容器. 家具与室内装饰, (8): 16-17.

韩庆生. 2017. 我国木质家具产业的概况及发展趋势. 木材工业, 31(2): 10-13.

何人可. 2006. 工业设计史. 北京: 高等教育出版社.

贺瑞林. 2016. 基于结构创新的圆竹家具设计研究. 长沙: 中南林业科技大学硕士学位论文.

胡海权. 2016. 工业设计应用人机工程学. 沈阳: 辽宁科学技术出版社.

黄彬, 周腾飞, 彭钊云. 2015. 竹制家具弯曲构件加工方式. 家具与室内装饰, (6): 90-91.

黄及新. 2004. 中国古典家具模块化设计与制造的研究. 长沙: 中南林业科技大学硕士 学位论文.

黄思洁. 2016. 传统 "锡瓷" 工艺特点及发展研究. 广州: 华南理工大学硕士学位论文.

贾志强, 李想姣. 2003. 文化与可持续发展. 科技进步与对策, 6: 112-114.

江敬艳. 2001. 圆竹家具的研究. 南京: 南京林业大学博士学位论文.

江敬艳, 张彬渊. 2001. 我国圆竹家具生产现状. 人造板通讯, 6: 11-12.

江泽慧. 2002. 世界竹藤. 沈阳: 辽宁科学技术出版社.

江作昭, 廖明治. 1955. 北京市用毛竹性质研究. 清华大学学报, (1): 139-169.

蒋绿荷. 2002. 家具与民族文化之研究. 家具与室内装饰, 6: 16-19.

蒋乃翔. 2011. 不同竹龄毛竹材组织细胞的化学特性研究. 哈尔滨: 东北林业大学硕士 学位论文.

李吉庆. 2005. 新型竹集成材家具的研究. 南京: 南京林业大学博士学位论文.

李吉庆, 陈礼辉. 2011. 论我国竹家具型式的演变与发展趋势. 福建农林大学学报(哲学社会科学版), 2: 108-112.

李建华, 范颖敏. 2001. 住: 为自己营造绿色家居. 北京: 工商出版社.

李军伟. 2011. 竹集成材家具的特征与生产技术. 木材加工机械, 22(4): 22, 47-49.

李霞镇, 徐明, 徐金梅, 等. 2018. 毛竹材室内耐腐性能研究. 木材加工机械, 29(1): 5-9.

李祥仁. 2012. 基于"整竹展开"工艺的家具设计实践与研究. 杭州: 中国美术学院硕士学位论文.

李正理, 靳紫宸. 1960. 几种国产竹材的比较解剖观察. Journal of Integrative Plant Biology, 9(1): 76-97.

廖文伟. 2014. 珍爱的两件清早期陷地深刻竹根雕. 收藏, (17): 144-147.

林海. 2003. 面向大规模定制的家具设计与制造——论家具的模块化设计. 南京: 南京林业大学博士学位论文.

林乙煌, 李吉庆, 赖惟永, 等. 2009. 传统圆竹家具和新型竹集成材家具的分析. 龙岩学院学报, 27(5): 50-53.

刘波, 陈志勇, 殷亚方, 等. 2008. 两项竹材物理力学性质试验方法标准的比较. 木材工业, 2(4): 26-29.

刘磊, 廖红霞, 苏海涛, 等. 2005. 毛竹等6种竹材的天然耐久性试验. 广东林业科技, 21(2): 6-8.

刘星雨, 傅万四, 周建波. 2012. 我国竹工机械区域布局及未来走势分析. 木材加工机械, 8: 7-10.

柳晶莹. 1983. 竹材蠹虫研究综述. 福建农学院学报, 1: 71-76.

陆广谱, 华丽霞. 2012. 传统竹工艺在原竹家具设计中的应用探析. 安徽农业科学, 40(27): 13427-13428, 13465.

吕黄飞. 2018. 圆竹材微波真空干燥的特性研究. 北京: 中国林业科学研究院博士学位论文.

吕祥龙. 2018. 我国家具出口的现状及影响因素研究. 智富时代, (4): 229.

马星霞, 蒋明亮, 李志强. 2011. 木材生物降解与保护. 北京: 中国林业出版社.

潘柯. 2015. 青筠白刃留神韵——浅谈常州留青竹刻. 南京: 南京艺术学院硕士学位论文.

盛学峰. 2005. 中国黄山旅游: 分析与展望. 合肥: 合肥工业大学出版社.

时迪. 2013. 对中国竹家具可持续设计问题的探析. 哈尔滨: 东北林业大学硕士学位论文.

宋光喃. 2016. 船舶用分级胶合竹层板的设计、制造及评价. 北京: 中国林业科学研究院硕士学位论文.

孙正军. 2005. 竹材的采集与加工方法. 世界竹藤通讯, 3(3): 21-24.

汤蕾. 2017. 不类刻画　妙造自然——明清时期的留青竹刻器. 东方收藏, (5): 27-33.

唐国建, 杨金梅, 王曙光, 等. 2015. 云龙箭竹纤维形态、化学成分及用作造纸原料可行性研究. 西北林学院学报, 30(4): 240-245.

唐开军. 2003. 家具风格的形成过程研究. 北京: 北京林业大学博士学位论文.

陶涛. 2004. 绿色家具设计——构建于生态文化指导之下的设计. 哈尔滨: 东北林业大学硕士学位论文.

涂慷. 2014. 传统手工艺的艺术诉求——以泉州竹编技艺为例. 集美文苑, 3: 65-69.

王连钧, 赵明, 尤纪雷, 等. 1992. 竹黄立体装饰板生产工艺的初步研究. 竹子研究汇刊, 11(4): 43-51.

王世襄. 2013. 王世襄集: 竹刻艺术. 北京: 生活·读书·新知三联书店.

温太辉. 1955. 浙江产竹类织纤长幅度之测定. 林业科学, 1(1): 122-127.

吴婕好, 陈红, 费本华, 等. 2020a. 浙江地区竹编工艺特色概述. 林产工业, 57(3): 61-64.

吴婕好, 陈红, 费本华, 等. 2020b. 中国两湖地区竹编工艺特性分析. 世界竹藤通讯, 18(2): 39-42.

吴智慧. 2017. 竹藤家具制造工艺. 北京: 中国林业出版社.

吴智慧. 2019. 木家具制造工艺学. 北京: 中国林业出版社.

夏雨. 2017. 原竹家具主要用材材性及其制造工艺研究. 杭州: 浙江农林大学硕士学位论文.

冼杏娟, 冼定国. 1990. 竹材的微观结构及其与力学性能的关系. 竹子研究汇刊, 9(3): 11-23.

冼杏娟, 冼定国. 1991. 竹材的断裂特性. 材料科学进展, 5(4): 336-341.

熊先青, 杨为艳, 黄琼涛, 等. 2016. 木家具异型零部件生产工艺. 林产工业, 43(11): 39-44.

徐冰. 2019. 传统竹编工艺与现代家具设计融合的应用研究. 包装工程, 40(4): 186-191.

薛黎静. 2012. 徽州竹雕艺术的研究与应用. 南京: 南京林业大学硕士学位论文.

闫争楠. 2016. 我国木质家具出口应对欧盟绿色贸易壁垒的对策研究. 哈尔滨: 东北林业大学硕士学位论文.

杨利梅. 2017. 毛竹材性变异规律和解剖构造. 北京: 中国林业科学研究院硕士学位论文.

杨凌云, 郭颖艳. 2010. 低碳经济背景下竹家具发展面临的机遇与挑战. 四川林业科技, 31(5): 90, 112-113.

腰希申, 梁景森, 马乃训, 等. 1993. 中国主要竹材微观构造. 大连: 大连出版社.

姚利宏, 徐伟涛, 游茜, 等. 2018. 圆竹家具设计探究. 林产工业, 45(3): 26-30.

叶克林. 1993. 竹材特性及竹材的工业利用. 木材工业, 7(2): 33-36.

于丽丽, 刘贤淼, 邱福清, 等. 2015. 竹丝装饰材的开发与应用. 林产工业, 42(7): 5-9.

于旭明. 2001. 粮食仓储企业新技术研究. 齐鲁粮食, (5): 36.

虞华强. 2003. 竹材材性研究概述. 世界竹藤通讯, 1(4): 5-9.

张琛. 2006. 基于量产化的圆竹家具设计的可行性研究. 上海: 东华大学硕士学位论文.

张丹. 2012. 毛竹圆竹力学性能的研究. 中南林业科技大学学报, 32(7): 121-123.

张齐生. 1995. 中国竹材工业化利用. 北京: 中国林业出版社.

张山. 2016. 北京某家具公司水性漆涂饰工艺技术研究. 北京: 北京林业大学硕士学位论文.

张雨滟, 陈芝贤, 费本华, 等. 2018. 中国不同地域竹编工艺发展现状. 世界竹藤通讯, 16(6): 37-41.

张云林. 2017. 江南竹刻艺术发展研究. 苏州: 苏州大学硕士学位论文.

郑传良. 1997. 嵊州竹编工艺. 上海工艺美术, (4): 30-31.

中国家具协会. 2017. 2016 年我国家具行业年度数据. 中国人造板, (4): 41.

周芳纯. 1998. 竹林培育和利用. 南京: 南京林业大学印刷厂.

周建波, 傅万四. 2008. 我国竹工机械发展现状及未来趋势. 木材加工机械, 3: 44-47.

朱毅. 2012. 家具表面装饰. 北京: 中国林业出版社.

Awaludina A, Andriania V. 2014. Bolted bamboo joints reinforced with fibers. Procedia Engineering, 95: 15-21.

Banik R L. 1993. Morphological characters for culm age determination of different bamboo species of Bangladesh. Bang Journal of Forest Science, 22(1/2): 18-22.

Chen M, Ye L, Li H, et al. 2020. Flexural strength and ductility of Moso bamboo. Construction and Building Materials, 246: 118418.

Grosser D, Liese W. 1971. On the anatomy of Asian bamboo, with special reference to their vascular bundles. Wood Science and Technology, 5(4): 290-312.

Liese W, Köhl M. 2015. Bamboo-The Plant and Its Uses. London: Springer.

Lü H F, Ma X X, Zhang B, et al. 2019. Microwave-vacuum drying of round bamboo: a study of the physical properties. Construction and Building Materials, 211: 44-51.

Norman D A. 2005. Emotional Design: Why We Love (or Hate) Everyday Things. Beijing: Publishing House of Electronics Industry.

Sun F L, Duan X F, Mao S F, et al. 2007. Decay resistance of bamboo wood treated with chitosan-metal complexes against the white-rot fungus *Coriolous versicolor*. Scientia Silvae Sinicae, 43(4): 82-87.

Tewari D N. 1992. A Monograph on Bamboo. DehraDun: International Book Distributors.

Vorontsova M S, Clark L G, Dransfield J, et al. 2016. World checklist of bamboos and rattans. https://www.researchgate.net/publication/316620295[2020-7-1].

Yan Y, Fei B, Liu S. 2020. The relationship between moisture content and shrinkage strain in the process of bamboo air seasoning and cracking. https://www.tandfonline.com/doi/full/10.1080/07373937.2020.1817062[2020-7-1].